Hans-Karl Eder

Zentrale Abschlussprüfung Mathematik

Klasse 10

Aufgaben, Lösungen und Hilfen

Schöningh

Bildquellenverzeichnis
S. 41, 43, 113: Hans-Karl Eder, Bocholt; S. 49: Verlagsarchiv Schöningh

Westermann Schroedel Diesterweg Schöningh Winklers GmbH
Braunschweig, Paderborn, Darmstadt

www.schoeningh-schulbuch.de
Schöningh Verlag, Jühenplatz 1–3, 33098 Paderborn

Druck 5 4 3 2 1 / Jahr 2012 11 10 09 08
Die letzte Zahl bezeichnet das Jahr dieses Druckes.

Umschlaggestaltung: Hans-Karl Eder
Druck und Bindung: AZ Druck und Datentechnik GmbH, Kempten/Allgäu

ISBN 978-3-14-037006-6

In dieser Figur sind 10 verschiedene Quadrate zu erkennen.

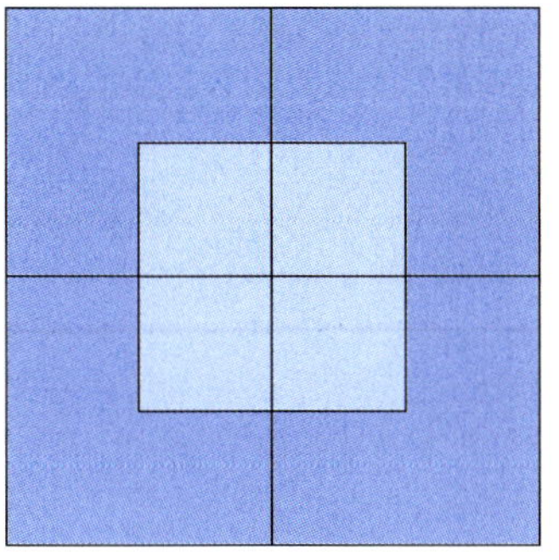

Wie viele Quadrate sind es in dieser Figur?

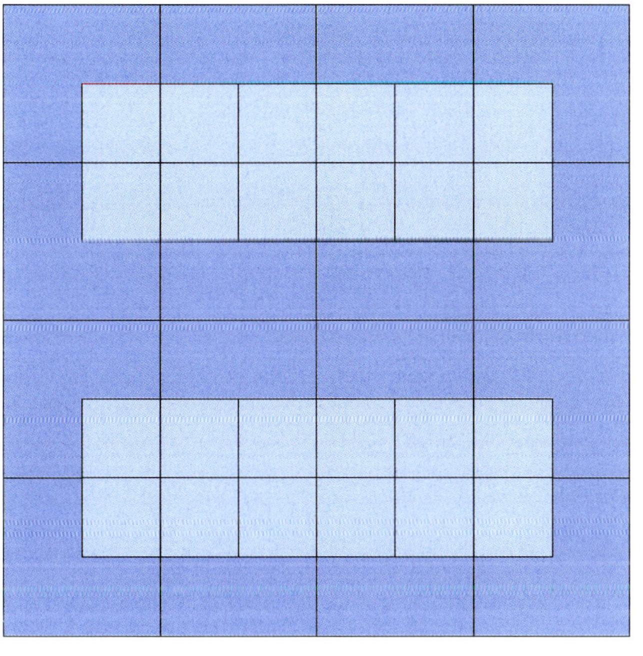

VORWORT

Die beste Vorbereitung für die Abschlussprüfung in Mathematik am Ende der Klasse 10 ist die engagierte Teilnahme am Unterricht.

Im Mathematikunterricht wird diskutiert, erklärt, erörtert und beraten; hier finden die Auseinandersetzungen statt, die notwendig sind, um Wissen und Können zu erlangen, aufzubauen und zu erweitern.

Ergänzend dazu kann es sehr nützlich sein, Aufgaben zu bearbeiten, die all diejenigen Kompetenzen verlangen, die du in den zurückliegenden Schuljahren erworben hast.

Dabei ist von Bedeutung, an ***exemplarischen*** Beispielen zu erproben, wie gut dir der Umgang mit mathematischen Sachverhalten gelingt, seien sie einfacher oder komplexerer Natur.

Die Aufgaben dieses Arbeitsbuches sollen dir dabei helfen, deinen Forscherdrang, deine Fertigkeiten und deine Fähigkeiten zu erkennen und zu ***vertiefen***.

Das Quadrat ist der Ausgangspunkt für die Problemstellungen und begleitet dich durch die verschiedenen Gebiete der Mathematik. Durch immer wieder neue Fragestellungen öffnet sich ein Fenster mit Blick auf das bisher Gelernte.

Jede Aufgabe, die du ***selbst*** meisterst, wird dich dem erfolgreichen Abschneiden am Ende der Klasse 10 näher bringen.

Nimm dir Zeit; nicht jede Aufgabe gelingt sofort! Schnelle Lösungen lassen sich nicht erzwingen.

Hierzu passt das vom alten Chinesen Mong-Tse stammende Gleichnis:
Ein junger Mann wollte dem Korn beim Wachsen helfen. Abends ging er hinaus und zog an jedem Halm ein bisschen. Am Morgen waren alle Pflanzen verdorrt.

Versuche verschiedene Lösungswege zu gehen!

Gib nicht auf!

Diskutiere die Aufgaben und Lösungen mit deinen Freundinnen und Freunden!

Frage deine Lehrerin oder deinen Lehrer!

Und wenn alles nicht gefruchtet hat ..., dann schau in den Lösungen nach!

Nimm dir auch hierfür Zeit!

Auf jede Doppelseite mit Aufgaben folgt eine Doppelseite mit den Lösungen.

Die Lösungsseiten sind zunächst verschlossen; nach dem Öffnen bieten sie dir Lösungswege mit vielen anschaulichen Erläuterungen.

Im Register findest du Stichwörter, die darauf verweisen, mit welchen mathematischen Begriffen oder Inhalten die Aufgaben zu lösen sind.

Es ist also auch möglich, zu bestimmten mathematischen Inhalten eine passende Aufgabe zu wählen und zu bearbeiten.

Alle Aufgaben wurden von Schülerinnen und Schülern bearbeitet, getestet und nach dem ***Schwierigkeitsgrad*** beurteilt.

Dafür meinen herzlichen Dank!

Die durchschnittliche Bewertung ist bei jeder Aufgabe angegeben.
Hier die Einschätzungsstufen:

 sehr leicht

 leicht

 mittlere Schwierigkeit

 schwer

 sehr schwer

Viel Erfolg und viel Freude bei der Bearbeitung!

(Hans-Karl Eder)

Lösung der Aufgabe auf der vorderen Umschlagseite:

Ist das Quadrat so groß wie das Rechteck?
oder
Ist **64** dasselbe wie **65**?

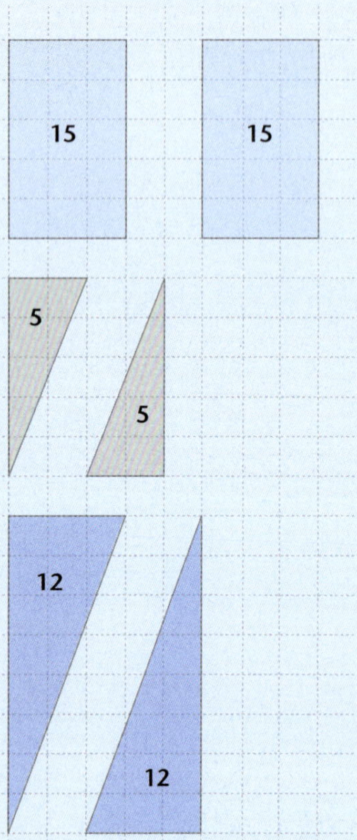

Lösung:
Die beiden Flächen sind natürlich unterschiedlich groß!

Erklärung/Rechenweg:
Warum stutzt man bei dem Anblick beider Figuren? Die Antwort ist einfach:
Einerseits bestehen beide Flächen, das Quadrat und das Rechteck, aus zueinander kongruenten Teilflächen, andererseits besteht das Quadrat aus 64 „kleinen" Quadraten und das Rechteck aus 65 solcher „kleinen" Quadrate – das kann nicht sein!
Berechnet man, wie viele „kleine" Quadrate in die einzelnen 6 Teilflächen passen, erhält man das Ergebnis
$12 + 12 + 15 + 15 + 5 + 5 = 64$.
Warum trügt der Schein? Das Rechteck kann nicht aus 65 „kleinen" Quadraten bestehen!
Die Linien wurden so „fett" gezeichnet, dass 1 „kleines" Quadrat „verlorengeht".

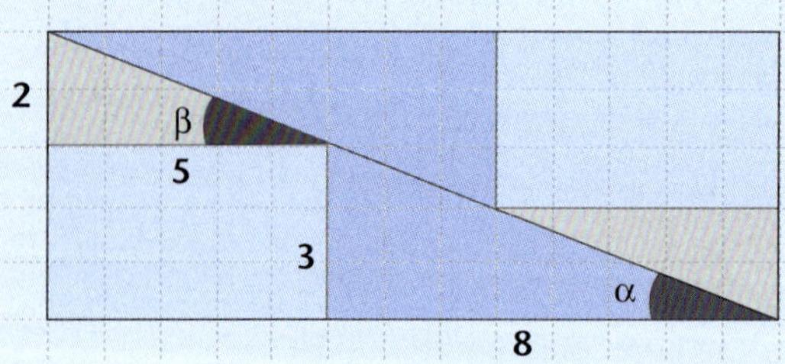

Die lange Diagonale des Rechtecks ist keine Strecke – das Auge lässt sich täuschen.
Beweis: Wenn es eine Strecke wäre, dann müsste $\alpha = \beta$ sein; denn α und β wären dann Stufenwinkel; und Stufenwinkel sind gleich groß.

$$\tan \alpha = \frac{\text{Gegenkathete}}{\text{Ankathete}} = \frac{3}{8} = 0{,}375 \quad \Leftrightarrow \quad a \approx 20{,}56^\circ$$

$$\tan \beta = \frac{\text{Gegenkathete}}{\text{Ankathete}} = \frac{2}{5} = 0{,}4 \quad \Leftrightarrow \quad \beta \approx 21{,}8^\circ; \quad \text{also ist } \alpha \neq \beta$$

Lösung der Aufgabe von Seite 3: Es sind 66 Quadrate.

Manche Aufgaben erfordern die Verwendung einer Formel; dazu kann eine Formelsammlung sehr hilfreich und nützlich sein.
Diese Formelsammlung ist für den täglichen Gebrauch bestimmt; zudem ist sie als Hilfsmittel bei den Abschluss-Prüfungen der Klassen 10 zugelassen.

ISBN 978-3-14-037003-5

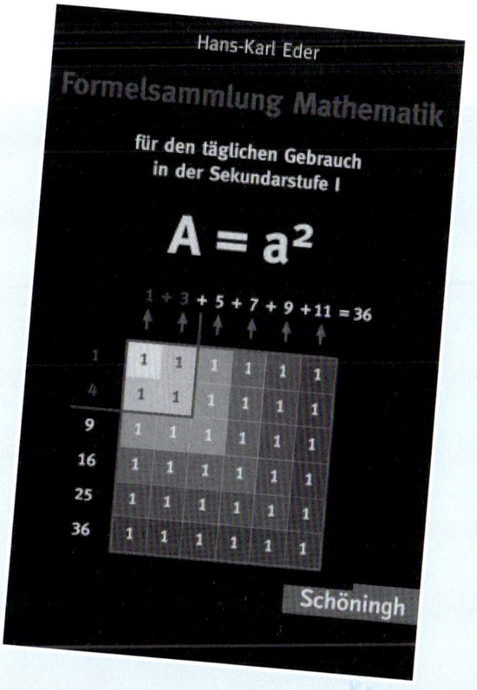

Manchmal hilft die Formelsammlung nicht weiter, weil man den Sachverhalt nicht kennt oder sich einfach nicht mehr erinnern kann.
In diesen Fällen ist eine weiter gehende Erklärung notwendig.
Das Lexikon hilft beim Verstehen und Durchdringen der mathematischen Lerninhalte, die in den Klassen 5 bis 10 bearbeitet werden.
Jedem grundlegenden Begriff oder Inhalt ist eine eigene Seite gewidmet.

ISBN 978-3-14-037001-1

Das vorliegende Heft zur Zentralen Abschlussprüfung ergänzt und erweitert diese Buchreihe.

1

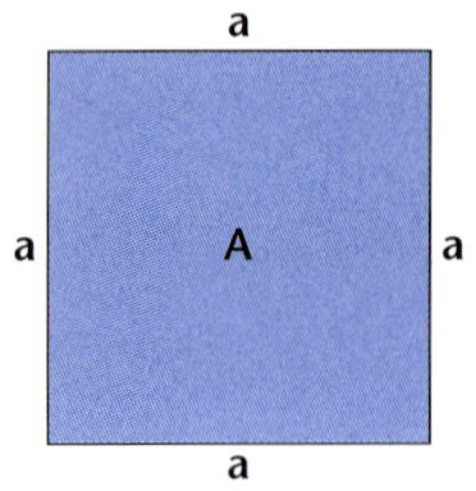

Die Seitenlänge des Quadrates beträgt 3 cm.
Wie groß ist der Umfang u?

2

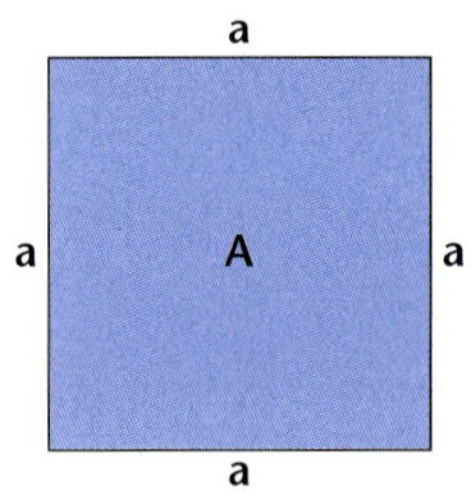

Dieses Quadrat hat einen Umfang von 20 cm.
Bestimme den Flächeninhalt A.

3

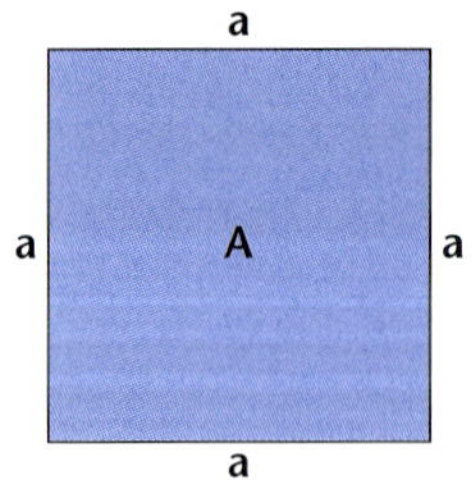

Dieses Quadrat hat einen Flächeninhalt von 49 cm^2.
Bestimme den Umfang u.

1

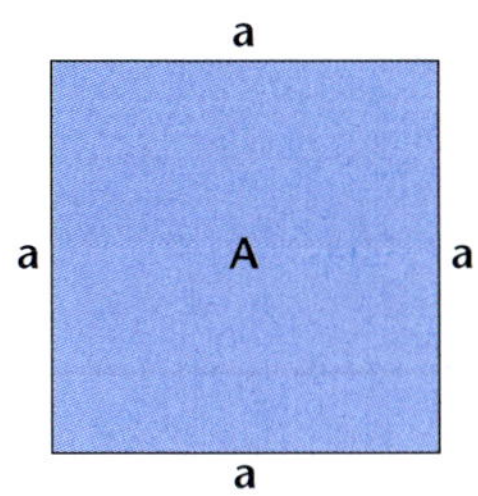

Die Länge der Quadratseite ist a.
Wie verändert sich der Term für den Umfang u, wenn man die Seite um x vergrößert?

2

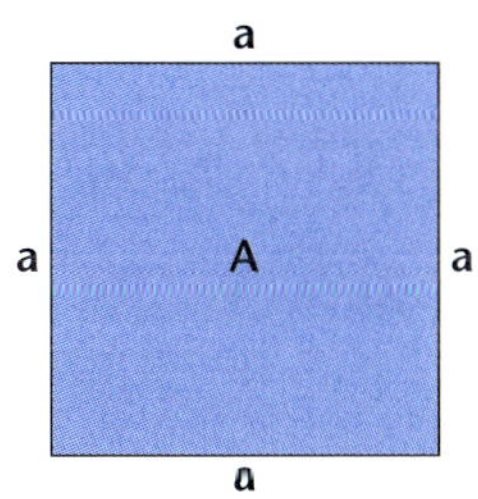

Die Länge der Quadratseite ist a.
Wie verändert sich der Term für den Flächeninhalt A, wenn man die Seite um x vergrößert?

1 Mathematischer Begriff: **Multiplikation**

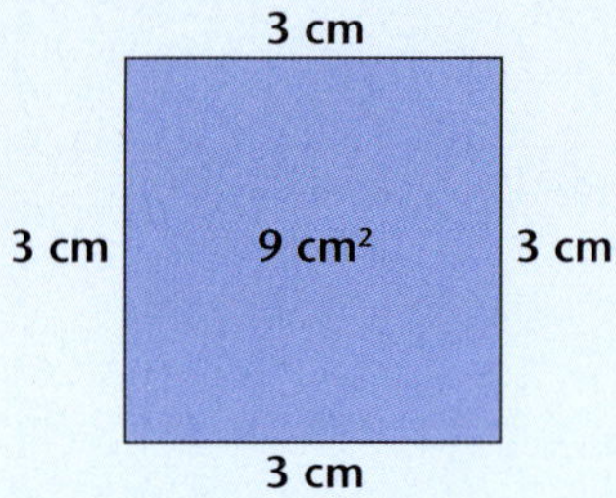

Lösung: $u = 12$ cm

Erklärung/Rechenweg:

Der Umfang des Quadrates wird aus 4 Quadratseiten gebildet.
Da jede Seite 3 cm lang ist, gilt für den Umfang u:
$u = 4 \cdot 3\ \text{cm} = 12\ \text{cm}$

2 Mathematische Begriffe: **Multiplikation Quadratzahlen**

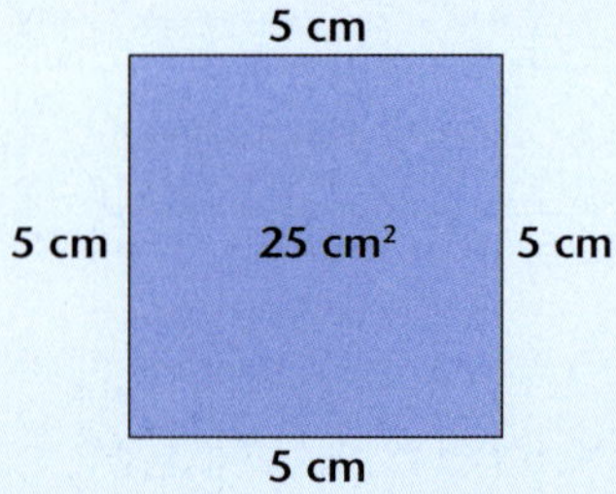

Lösung: $A = 25\ \text{cm}^2$

Erklärung/Rechenweg:

Da der Umfang des Quadrates 20 cm lang ist, bleibt für jede der 4 Seiten eine Länge von 5 cm.
Da jede Seite 5 cm lang ist, gilt für den Flächeninhalt A:
$A = (5\ \text{cm})^2 = 25\ \text{cm}^2$.

3 Mathematische Begriffe: **Quadratwurzel Quadratzahlen**

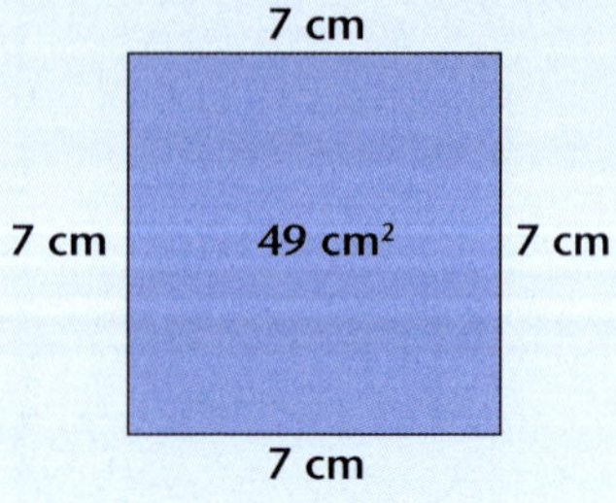

Lösung: $u = 28$ cm

Erklärung/Rechenweg:

Die Formel für den Flächeninhalt des Quadrates lautet:
$A = a^2$; man muss aus A die Quadratwurzel ziehen, um die Seitenlänge a zu erhalten.
$\sqrt{a^2} = a$; $\sqrt{49\ \text{cm}^2} = 7\ \text{cm}$
Die Länge der Seite a ist also 7 cm.

Der Umfang u ist also viermal so lang wie eine Seite:
$u = 4 \cdot 7\ \text{cm} = 28\ \text{cm}$.

1 Mathematische Begriffe: **Term** **Klammerrechnung**

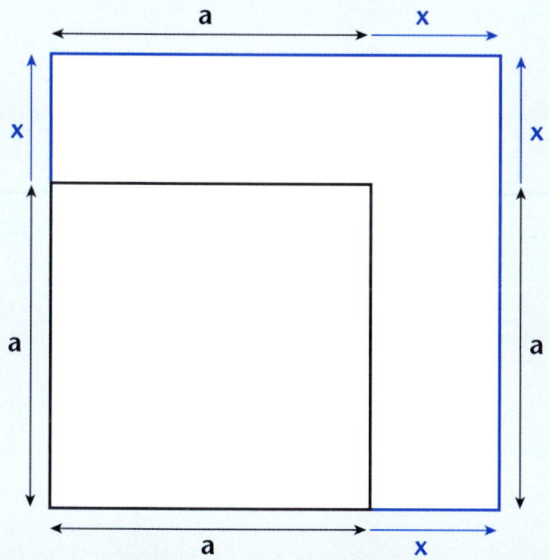

Lösung: Der Umfangsterm nimmt um $4x$ zu.

Erklärung/Rechenweg:
Der Umfang u des Ausgangsquadrates ist $u = 4 \cdot a$.
Jede der vier Seiten a wird um den Term x vergrößert: aus a wird $a + x$.
Der Umfang vom vergrößerten Quadrat ist u_1; es gilt:
$u_1 = 4 \cdot (a + x) = 4a + 4x$.
Vergleicht man u mit u_1, dann hat sich der Umfangsterm um $4x$ vergrößert.

2 Mathematische Begriffe: **Term** **Binomische Formel**

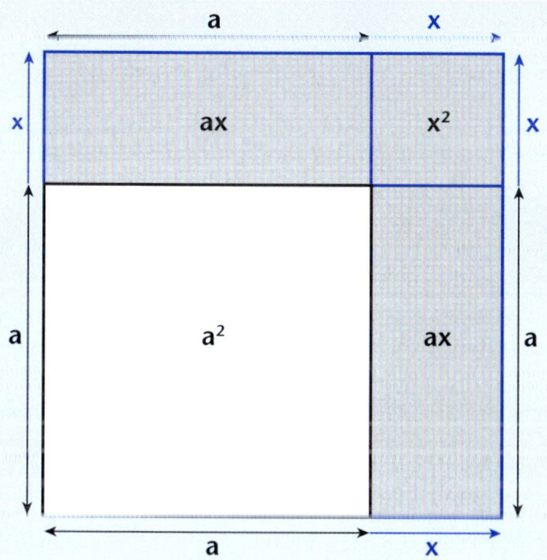

Lösung: Der Umfangsterm nimmt um $2ax + x^2$ zu.

Erklärung/Rechenweg:
Der Flächeninhalt A des Ausgangsquadrates ist $A = a^2$.
Jede der vier Seiten a wird um den Term x vergrößert: aus a wird $a + x$.
Der Flächeninhalt vom vergrößerten Quadrat ist A_1; es gilt:
$A_1 = (a + x)^2 = a^2 + 2ax + x^2$.
Vergleicht man A mit A_1, dann hat sich der Flächenterm um $2ax + x^2$ vergrößert.

1

Die Terme für den Flächeninhalt der Quadrate sind gegeben.
Bestimme jeweils den Term für die Seitenlänge.

121	c^2	**$81b^2$**	**x**	$a^2 + b^2$	$a^2 + 2ab + b^2$

2

Addiert man die Zahl der Flächengröße und die Zahl der Seitenlänge dieses Quadrates, dann erhält man den Summenwert 992.

Wie lang ist das Quadrat?

1

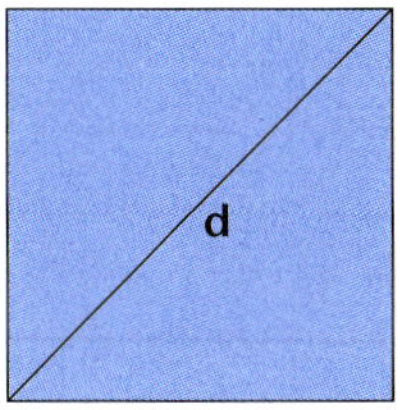

Berechne die ***Länge der Diagonalen d***, wenn das Quadrat 5 cm lang ist.

2

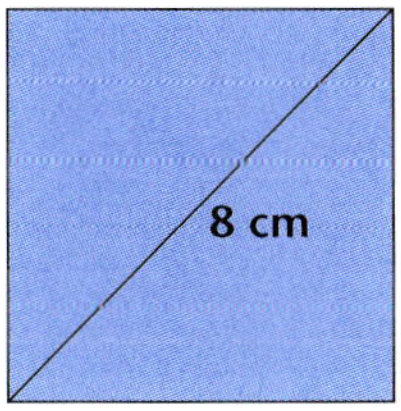

Die Diagonale eines Quadrates ist 8 cm lang. Welchen ***Umfang u*** hat das Quadrat?

3

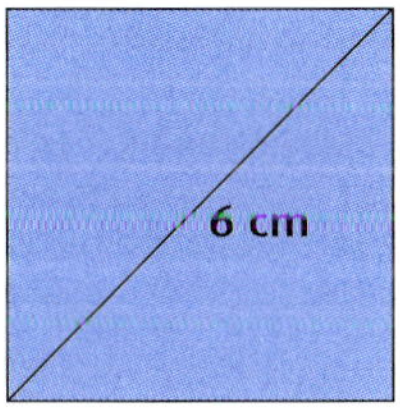

Die Diagonale eines Quadrates ist 6 cm lang. Wie groß ist der ***Flächeninhalt A***?

1 Mathematische Begriffe: **Quadratwurzel; Variable; Term; Binomische Formel**

Lösungen:

121	c^2	$81b^2$	x	$a^2 + b^2$	$a^2 + 2ab + b^2$
11	c	9b	$\sqrt{x}$	$\sqrt{a^2 + b^2}$	a + b

Erklärung/Rechenweg:

Die Formel für den Flächeninhalt des Quadrates lautet: $A = a^2$

Man muss aus A die Quadratwurzel ziehen, um die Seitenlänge a zu erhalten:

$\sqrt{a^2} = a$;

$\sqrt{121} = 11$

$\sqrt{c^2} = c$

$\sqrt{81b^2} = 9b$

$\sqrt{x} = \sqrt{x}$

$\sqrt{a^2 + b^2} = \sqrt{a^2 + b^2}$

$\sqrt{a^2 + 2\,ab + b^2} = \sqrt{(a + b^2)} = a + b$ (hierbei handelt es sich um die 1. Binomische Formel)

2 Mathematische Begriffe: **Quadratische Gleichung p-q-Formel**

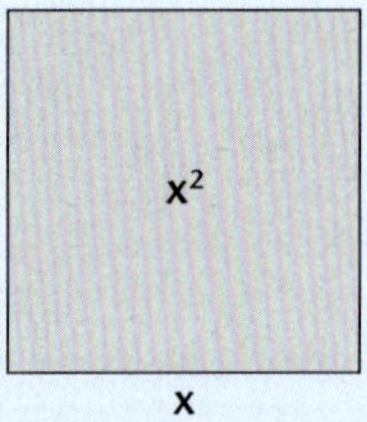

Lösung: Die Länge der Quadratseite beträgt 31.

Erklärung/Rechenweg:

Man weiß, dass die Fläche durch den Term x^2 und die Seite durch den Term x dargestellt werden. Hinter diesen beiden Termen verbergen sich Zahlen, die beide addiert den Wert 992 ergeben sollen:

$x^2 + x = 992$.

Dies ist eine quadratische Gleichung, für die es unterschiedliche Lösungsverfahren gibt; eines davon ist das Nutzen der p-q-Formel:

$x_1 = -\frac{p}{2} + \sqrt{\left(\frac{p}{2}\right)^2 - q}$ und $x_2 = -\frac{p}{2} - \sqrt{\left(\frac{p}{2}\right)^2 - q}$

Dazu ist es notwendig, die oben gefundene Gleichung in die Normalform zu bringen: $x^2 + x - 992 = 0$ (es gilt: $p = 1$ und $q = -992$)

Jetzt werden die gefundenen Werte für p und für q in die Formel eingesetzt:

$x_1 = -0{,}5 + \sqrt{(-0{,}5)^2 - (-992)} = -0{,}5 + 31{,}5 = 31$

$x_2 = -0{,}5 - \sqrt{(-0{,}5)^2 - (-992)} = -0{,}5 - 31{,}5 = -32$

Der zweite Wert kommt bei der Problemstellung als Lösung nicht in Frage, weil ja das Quadrat keine negative Seitenlänge besitzen kann.

1 Mathematischer Begriff: **Satz des Pythagoras**

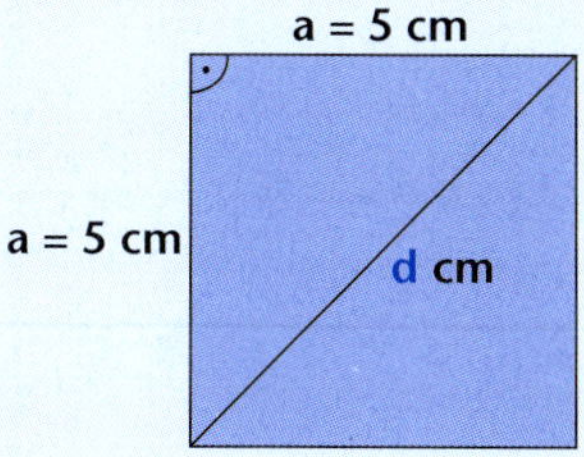

Lösung: Die Diagonale ist $d \approx 7{,}07$ cm lang.

Erklärung/Rechenweg:
Die beiden Quadratseiten und die Diagonale bilden ein rechtwinkliges Dreieck.
Es gilt der Satz des Pythagoras:

$$\begin{aligned} a^2 + a^2 &= d^2 \\ 5^2 + 5^2 &= d^2 \\ 50 &= d^2 \\ \sqrt{50} &= \sqrt{d^2} \\ \sqrt{50} &= d \\ 7{,}07 &\approx d \end{aligned}$$

2 Mathematischer Begriff: **Satz des Pythagoras**

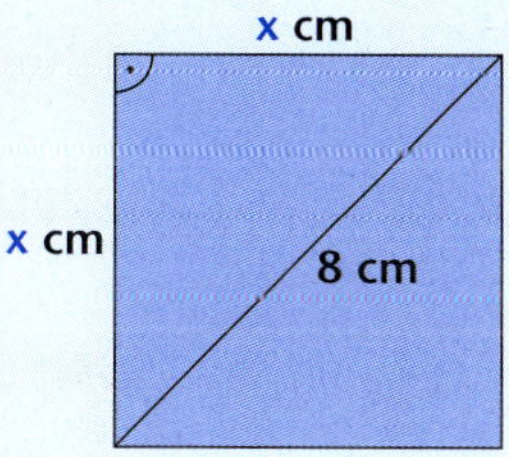

Lösung: Die Seite ist $x \approx 5{,}66$ cm lang.

Erklärung/Rechenweg:
Die beiden Quadratseiten und die Diagonale bilden ein rechtwinkliges Dreieck.
Es gilt der Satz des Pythagoras:

$$\begin{aligned} x^2 + x^2 &= 8^2 \\ x^2 + x^2 &= 64 \\ 2 \cdot x^2 &= 64 \\ x^2 &= 32 \\ \sqrt{x^2} &= \sqrt{32} \\ x &\approx 5{,}66 \end{aligned}$$

3 Mathematischer Begriff: **Satz des Pythagoras**

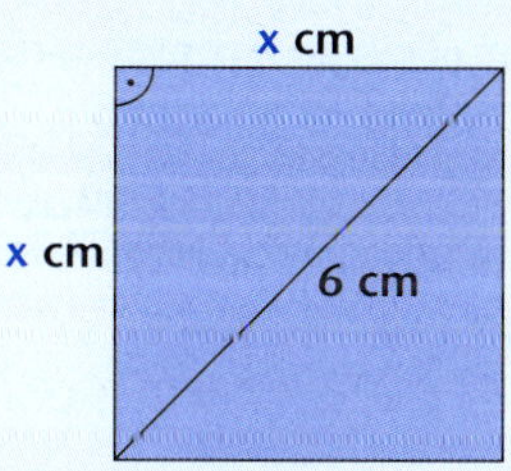

Lösung: Der Flächeninhalt beträgt $A = 18\ \text{cm}^2$.

Erklärung/Rechenweg:
Die beiden Quadratseiten und die Diagonale bilden ein rechtwinkliges Dreieck.
Es gilt der Satz des Pythagoras:

$$\begin{aligned} x^2 + x^2 &= 6^2 \\ x^2 + x^2 &= 36 \\ 2 \cdot x^2 &= 36 \\ x^2 &= 18 \end{aligned}$$

Der Flächeninhalt ist $A = x^2$
An dieser Stelle der Umformung hat man bereits die Lösung!

1

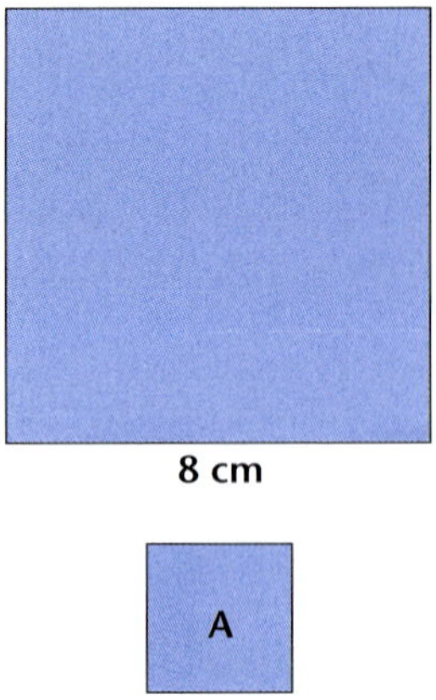

Ein Quadrat ist 8 cm lang und um 20 cm^2 größer als ein kleineres Quadrat A.
Welche Flächengröße hat das kleinere Quadrat A?

2

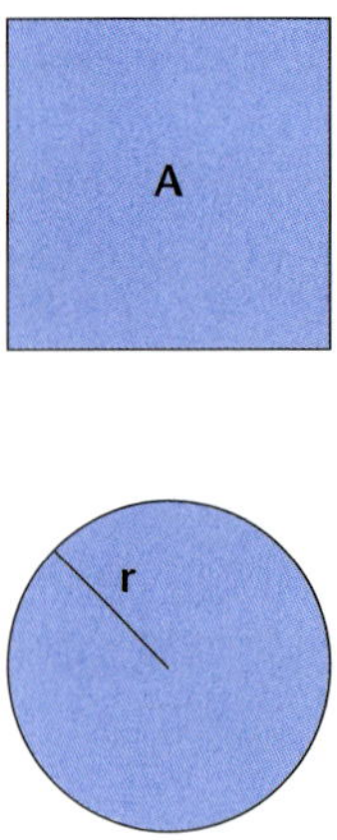

Der Flächeninhalt A des Quadrates beträgt 36 cm^2.
Welchen Radius besitzt ein Kreis, der so groß ist wie das Quadrat?

3

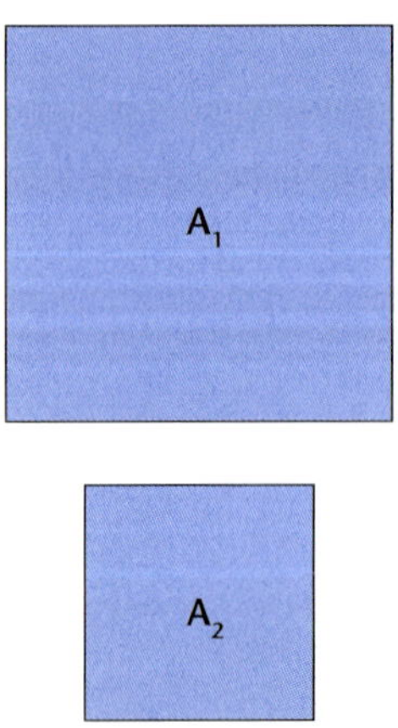

Die beiden Quadrate haben zusammen eine Flächengröße von 100 cm^2.
Welche Längen könnten die beiden Quadrate besitzen? Begründe dein Ergebnis!

1

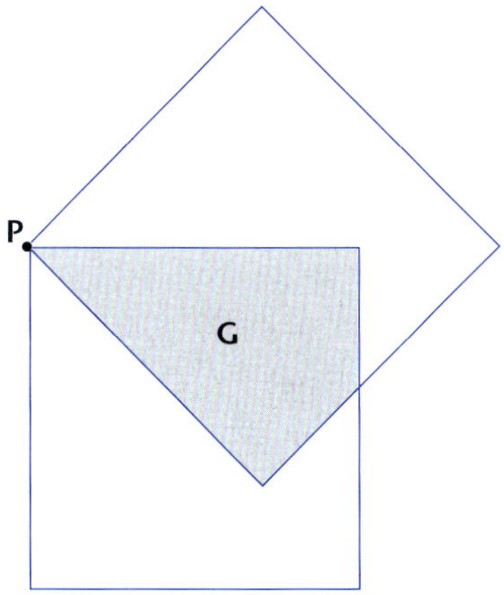

Ein Quadrat mit der Seitenlänge 1 m wurde um den Punkt P gedreht; der Drehwinkel beträgt 45°; dadurch liegt die eine Seite des gedrehten Quadrates genau auf der Diagonalen des anderen.
Es entsteht die graue Fläche G.
Wie groß ist G?

2

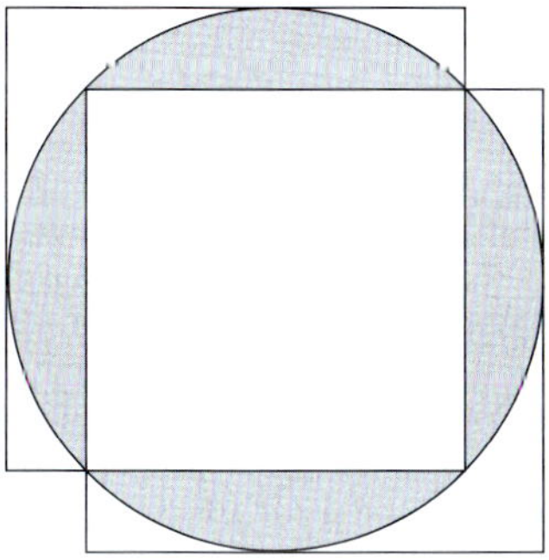

Zwei gleich große Quadrate überdecken einen Kreis, der den Radius mit der Länge von 5 cm besitzt.

Wie groß ist die graue gefärbte Fläche?

1 Mathematischer Begriff: **Flächeninhalt**

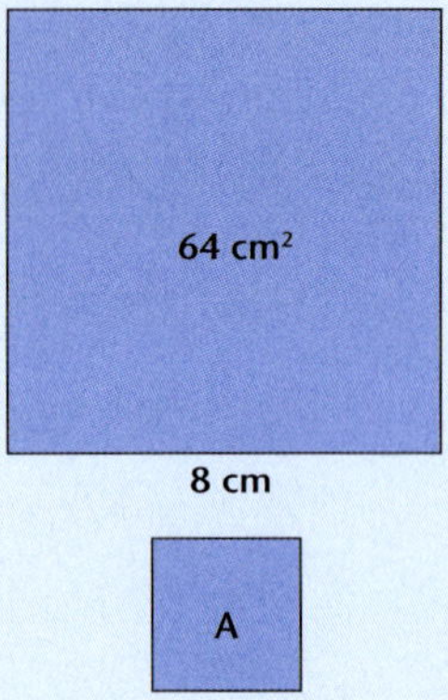

Lösung: Das kleine Quadrat besitzt den Flächeninhalt $A = 44\ cm^2$.

Erklärung/Rechenweg:

Der Flächeninhalt des Quadrates mit der Seitenlänge von 8 cm beträgt $A_{groß} = 64\ cm^2$.

Es ist um $20\ cm^2$ größer als das kleine Quadrat mit dem Flächeninhalt A.

$A_{groß} = A + 20 \qquad A = A_{groß} - 20 \qquad A = 64 - 20 = 44$

2 Mathematischer Begriff: **Kreisberechnung**

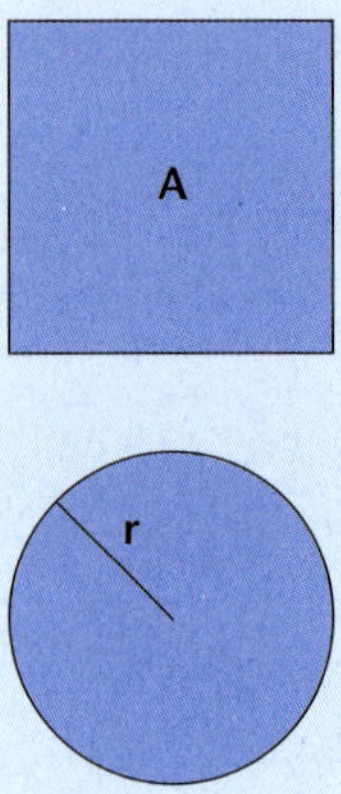

Lösung: Der Radius des Kreises beträgt $r \approx 3{,}39$ cm.

Erklärung/Rechenweg:

Der Flächeninhalt des Kreises beträgt $36\ cm^2$, da er genauso groß ist wie der des Quadrates A.

Die Formel für den Flächeninhalt des Kreises lautet:

$A_{kreis} = \pi \cdot r^2$. Es gilt also: $36 = \pi \cdot r^2$

$\Leftrightarrow \quad \frac{36}{\pi} = r^2 \quad \Leftrightarrow \quad \sqrt{\frac{36}{\pi}} = \sqrt{r^2} \quad \Leftrightarrow \quad \sqrt{\frac{36}{\pi}} = r \quad \Leftrightarrow$

$r \approx 3{,}39$

3 Mathematische Begriffe: **Flächeninhalt** **Satz des Pythagoras**

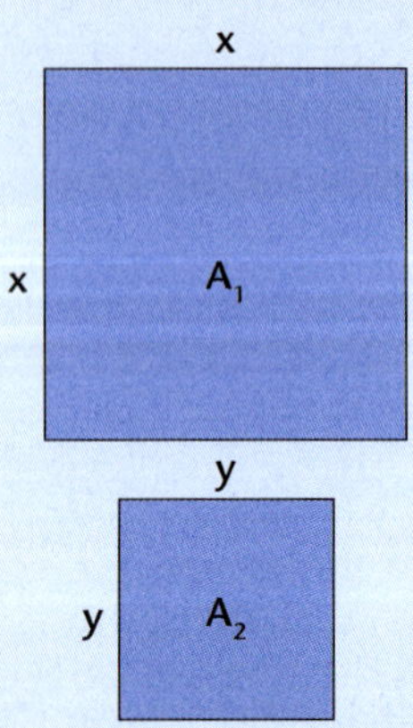

Lösung: Für die Längen der beiden Quadrate gibt es unendlich viele Lösungen; einige sind in der Tabelle dargestellt.

Erklärung/Rechenweg:

$A_1 = x^2$ und $A_2 = y^2 \qquad A_1 + A_2 = x^2 + y^2 = 100$

Wählt man für x eine beliebige Zahl, dann lässt sich der Wert für y bestimmen; wählt man z. B. für x die Zahl 6, dann gilt

$6^2 + y^2 = 100$

$\Leftrightarrow \quad y^2 = 100 - 6^2 = 64$

$\Leftrightarrow \quad y = \sqrt{64} = 8$

x	1	2	3	4	5	6	...
y	9,95	9,8	9,54	9,17	8,66	8	...

1 Mathematische Begriffe: **Flächeninhalt** **Satz des Pythagoras**

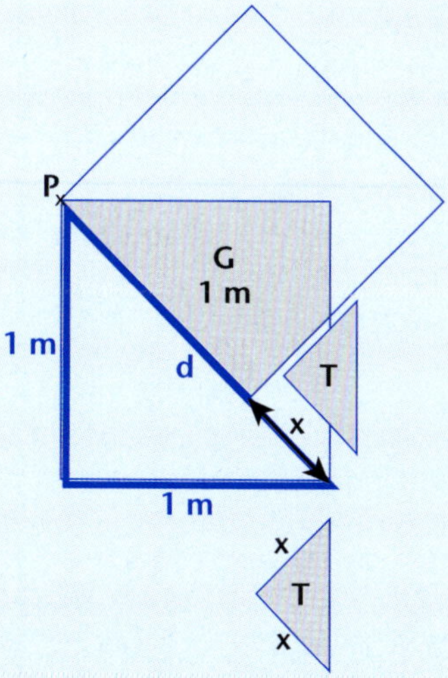

Lösung: Der Flächeninhalt beträgt $G \approx 0{,}414\ m^2$.

Erklärung/Rechenweg:

1. T und G sind zusammen so groß wie die Hälfte des Quadrates A;

   $A = 1\ m^2$ und $\frac{1}{2} \cdot A = 0{,}5 \cdot A = 0{,}5\ m^2$

   $0{,}5 \cdot A = T + G \quad \Leftrightarrow \quad G = 0{,}5 \cdot A - T \quad \Leftrightarrow \quad G = 0{,}5\ m^2 - T$.

   Um G zu errechnen, benötigt man die Größe von T; zur Berechnung von $T = \frac{x \cdot x}{2}$ benötigt man die Länge x:

2. Die Diagonale besteht aus der Länge des Quadrates (1 m) und dem kleinen Stück x: $d = 1 + x \quad \Leftrightarrow \quad x = d - 1$

   Die Diagonale des Quadrates lässt sich mit dem Satz des Pythagoras berechnen:

   $d^2 = 1^2 + 1^2 = 2 \quad \Leftrightarrow \quad d^2 = 2 \quad \Leftrightarrow \quad d = \sqrt{2} \quad \Leftrightarrow$
   $d \approx 1{,}414$

   Jetzt lässt sich x berechnen: $x = d - 1 \quad \Leftrightarrow \quad x \approx 1{,}414 - 1$
   $\Leftrightarrow \quad x \approx 0{,}414$

3. Das Dreieck T hat den Flächeninhalt $T = \frac{x \cdot x}{2} \approx \frac{0{,}414 \cdot 0{,}414}{2}$
   $\approx 0{,}0857$

4. $G = 0{,}5 \cdot A - T \quad \Leftrightarrow \quad G \approx 0{,}5 - 0{,}0857 \quad \Leftrightarrow \quad G \approx 0{,}414$

2 Mathematische Begriffe: **Kreisberechnung** **Satz des Pythagoras**

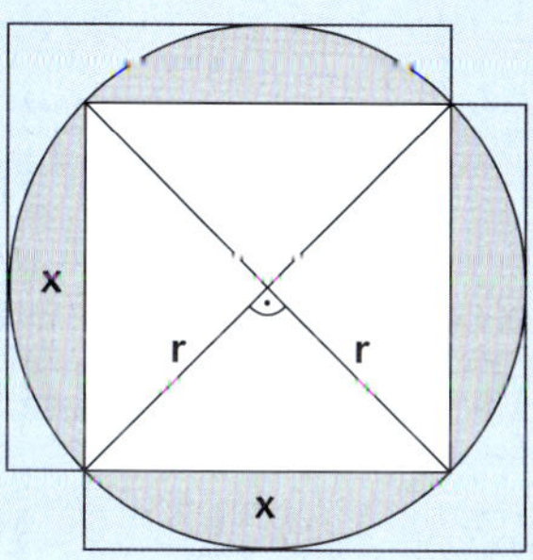

Lösung: Die graue Fläche ist $A \approx 28{,}54\ cm^2$ groß.

Erklärung/Rechenweg:

Wenn man vom Kreis mit dem Radius $r = 5$ cm die Fläche des inneren Quadrates subtrahiert, dann erhält man die graue Fläche.

Kreisfläche − Quadratfläche = graue Restfläche A

$\pi \cdot r^2 \quad - \quad x^2 \quad = \quad A$

Um x^2 berechnen zu können, benötigt man den Satz von Pythagoras:

$x^2 = r^2 + r^2 \quad \Leftrightarrow \quad x^2 = 2 \cdot r^2 \quad \Leftrightarrow \quad x^2 = 2 \cdot 5^2 = 50$

$A = \pi \cdot r^2 - x^2$

$A = \pi \cdot 5^2 - 50 \quad \Leftrightarrow \quad A \approx 78{,}54 - 50 \approx 28{,}54$

1

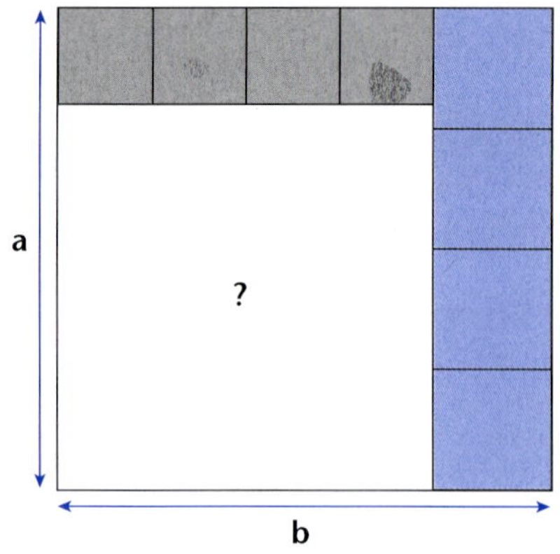

Diese Fläche ist ein ***Rechteck*** mit den Seitenlängen a und b.
Es wurde in 9 Quadrate unterteilt:
4 blaue, 4 graue und ein weißes.

Die blauen Quadrate haben jeweils eine Seitenlänge von 8 cm.

Welche Seitenlänge besitzt dann das größere Quadrat im Inneren?

2

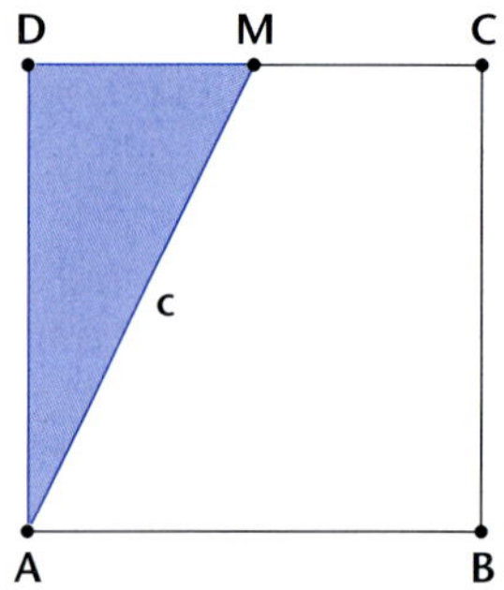

In diesem Quadrat verbindet die Strecke c die Mitte M einer Seite mit dem Eckpunkt A.
Wie viel Prozent der Quadratfläche nimmt die blaue Fläche ein?

1

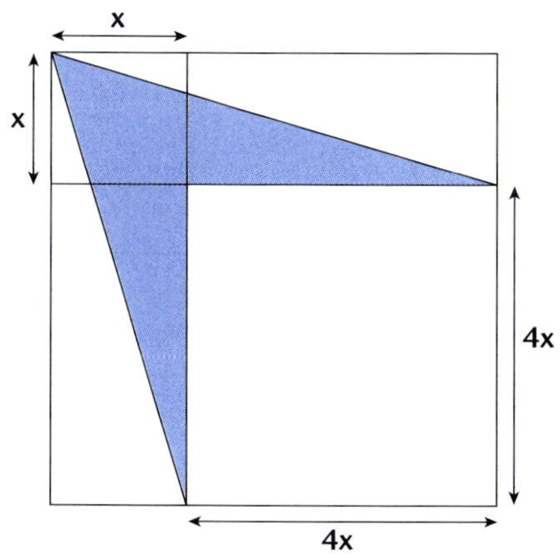

Wie viel Prozent der Quadratfläche nimmt die blaue Fläche ein?

1 Mathematische Begriffe: **Gleichungen Gleichungssysteme**

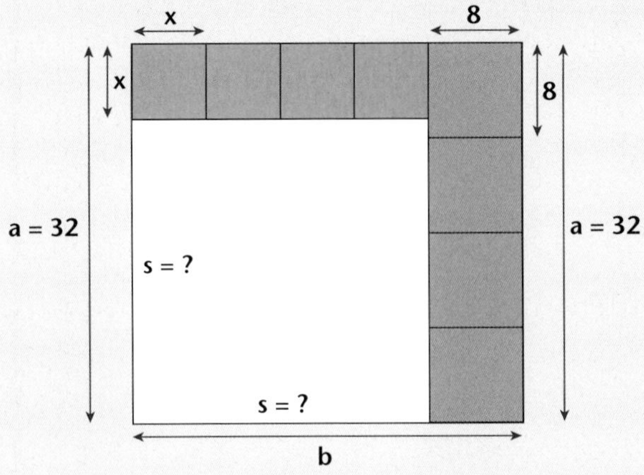

Lösung: Die Seitenlänge ist $s = 25{,}6$ cm.

Erklärung/Rechenweg:

1. Eine Seite des Rechtecks ist $a = 32$ cm, denn sie besteht aus 4 gleich langen Stücken, die alle 8 cm lang sind.
2. Man weiß auch: $a = x + s$
3. Die Strecke s ist 4-mal so groß wie die Strecke x; $s = 4x$.
   Wenn $a = x + s$ und gleichzeitig $s = 4x$, dann gilt $a = x + 4x$.
   $a = 5x \iff 32 = 5x$
   $\iff x = 6{,}4$

   $s = 4 \cdot x = 4 \cdot 6{,}4 = 25{,}6$

2 Mathematische Begriffe: **Flächeninhalt Prozentwert**

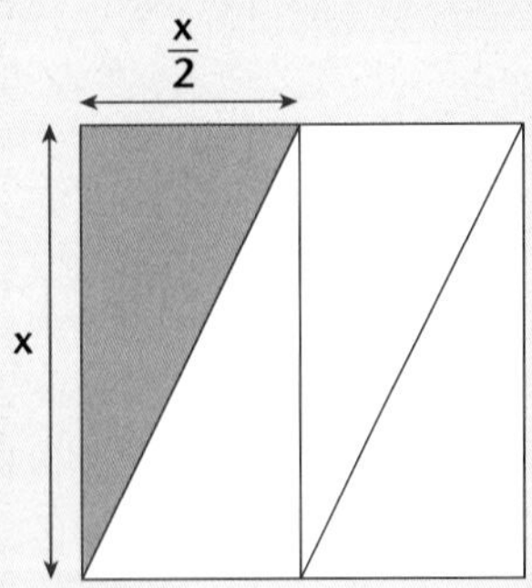

Lösung: 25 %

Erklärung/Rechenweg:

Durch die eingezeichneten Linien wird deutlich, dass das Quadrat in vier gleich große Teile eingeteilt wird; jeder Teil entspricht 25 %.
Wenn das ganze Quadrat den Flächeninhalt $A = x^2$ besitzt, hat das blaue Dreieck den Flächeninhalt $A_{Dreieck} = \frac{1}{4}x^2$

$$\iff A_{Dreieck} = \frac{x \cdot 0{,}5x}{2} = \frac{0{,}5x^2}{2} = 0{,}25x^2$$

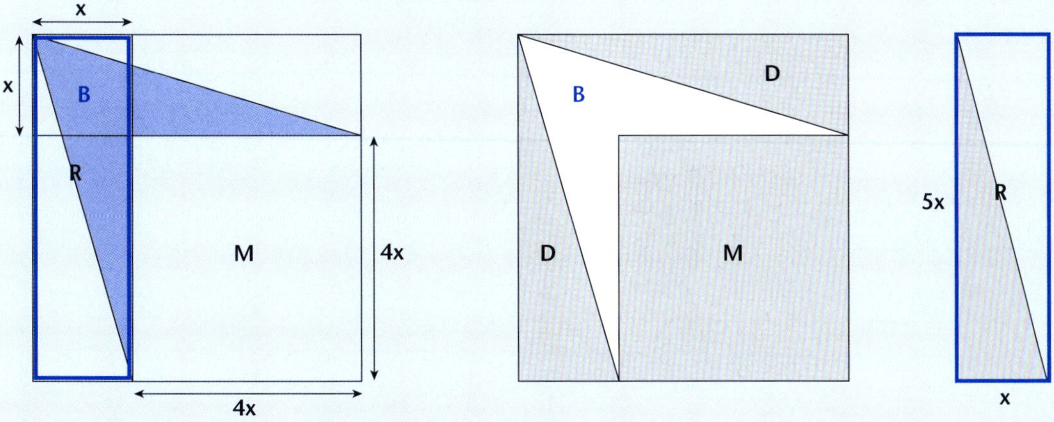

Lösung: Die blaue Fläche B hat einen Anteil von 16 % an der Quadratfläche.

Erklärung/Rechenweg:

Die blaue Fläche B, die zu berechnen ist, erhält man, wenn man vom großen Ausgangsquadrat A 2-mal die graue Fläche D und 1-mal das kleine Quadrat M abzieht: $B = A - 2 \cdot D - M$

$A = (5x)^2 = 25x^2 \quad M = (4x)^2 = 16x^2$

Das blau umrandete Rechteck hat den Flächeninhalt $R = 5x \cdot x = 5x^2$

Das graue Dreieck D ist halb so groß wie das blau umrandete Rechteck R.

$D = \frac{1}{2} \cdot R = \frac{1}{2} \cdot 5x^2 = 2{,}5x^2$

$B = A - 2 \cdot D - M \qquad B = 25x^2 - 2 \cdot 2{,}5x^2 - 16x^2 = 4 \cdot x^2$

$4x^2$ von $25x^2$ bedeutet $\frac{4x^2}{25x^2} = 0{,}16 = 16\,\%$

Eine schöne alternative anschauliche Lösung zeigen die drei folgenden Bilder; die Größe der blauen Fläche entspricht der Größe der grauen Flächen.

Die Größe der grauen Fläche ist $4x^2$.

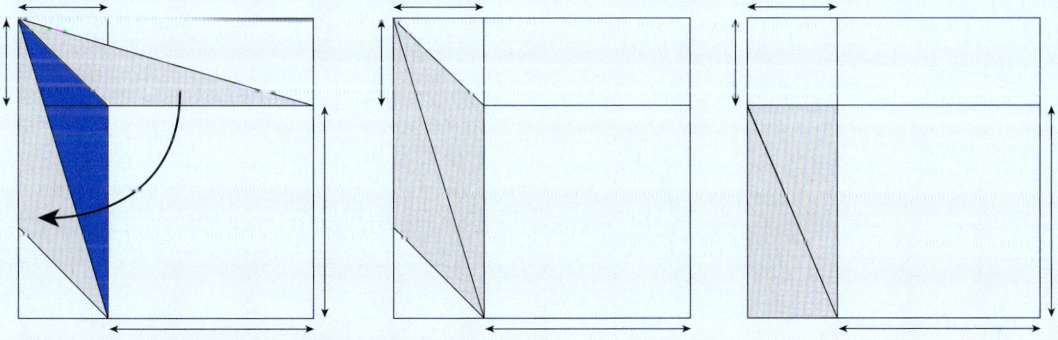

1

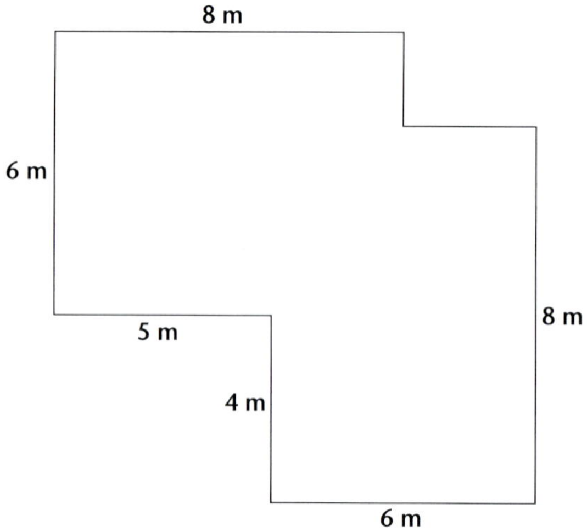

Bestimme die Flächengröße dieses Grundstücks in m^2.

2

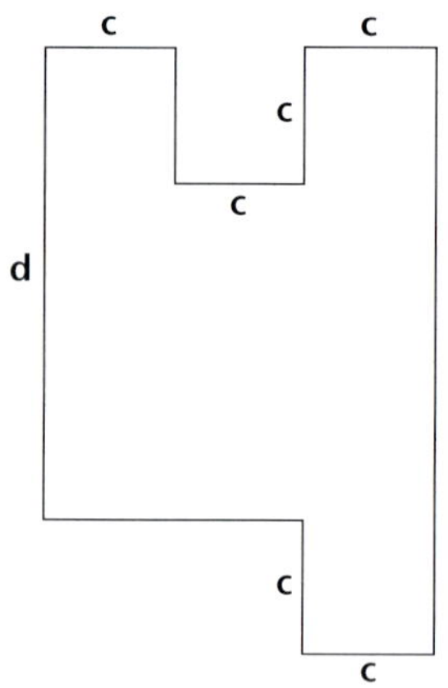

Bestimme für die Flächengröße dieses Grundstücks einen allgemeinen Term mithilfe der Variablen c und d.

1

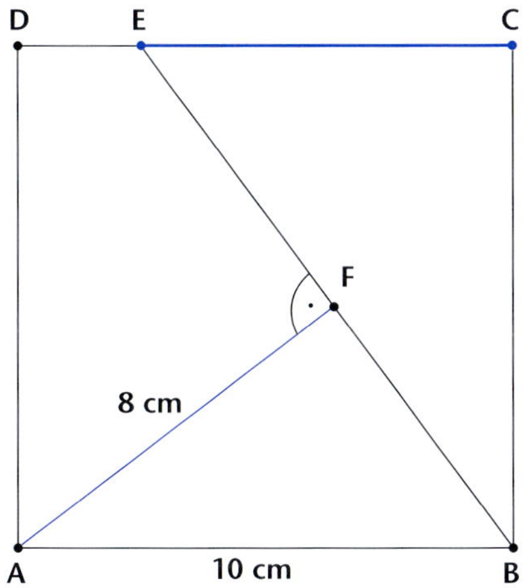

Das Quadrat besitzt die Seitenlänge von 10 cm.
Von B aus wurde eine Strecke bis zum Punkt E auf der gegenüberliegenden Seite gezeichnet.
Wie weit ist der Punkt E von C entfernt, wenn die Strecke von A nach F 8 cm beträgt?

2

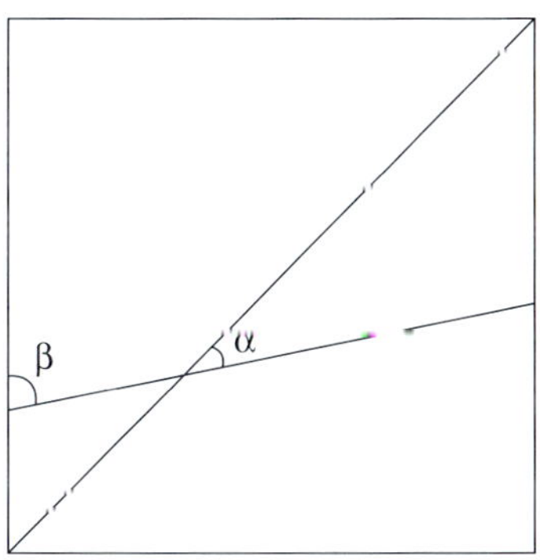

In dieses Quadrat wurden eine Diagonale und eine weitere Strecke gezeichnet.

Wie groß ist der Wert des Winkels α, wenn β den Wert 60° besitzt?

1 Mathematischer Begriff: **Flächeninhalt**

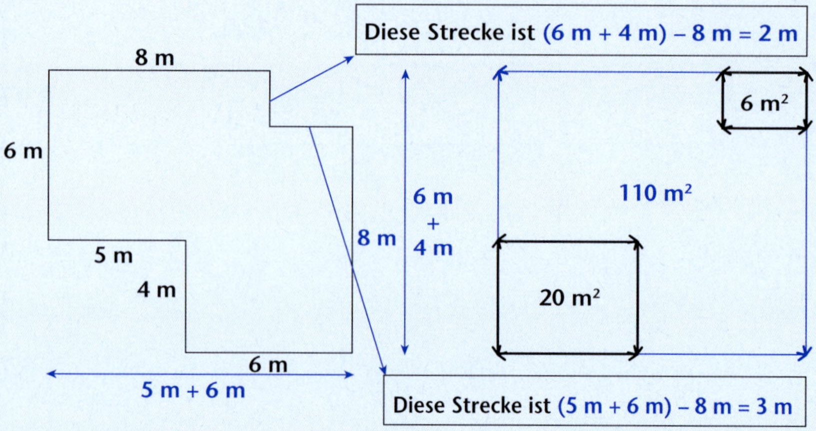

Lösung: Das Grundstück ist 84 m^2 groß.

Erklärung/Rechenweg:
Das Grundstück ist ein Rechteck, bei dem zwei kleine Rechtecke abgetrennt wurden.
Um die Größe des Grundstücks zu berechnen, werden von dem großen Rechteck die beiden kleinen Rechtecke abgezogen: $110\ m^2 - 20\ m^2 - 6\ m^2 = 84\ m^2$

2 Mathematische Begriffe: **Flächeninhalt; Term; Variablen**

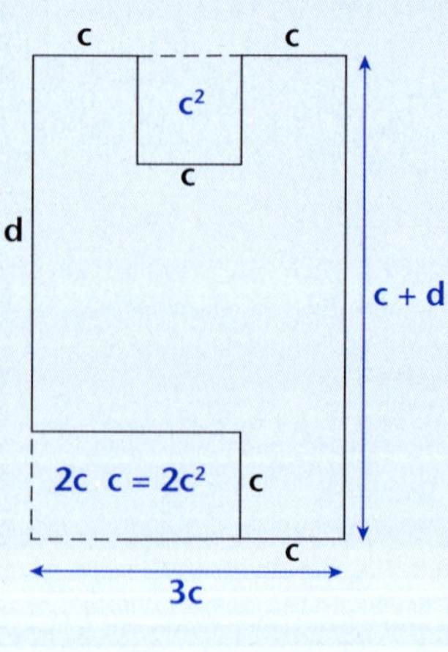

Lösung: Der Term für die Flächengröße lautet $A = 3cd$

Erklärung/Rechenweg:
Für das große Rechteck gilt $G = 3c \cdot (c + d) \quad \Leftrightarrow \quad G = 3c^2 + 3cd$
Von diesem großen Rechteck müssen die beiden kleinen Flächen abgezogen werden, um den Term für die Grundstücksgröße zu bestimmen.
Die kleinen Flächen sind: c^2 und $2c^2$
$A = G - c^2 - 2c^2 \quad \Leftrightarrow \quad A = 3c^2 + 3cd - c^2 - 2c^2$
$\Leftrightarrow \quad A = 3cd$

Eine alternative Lösung zeigt die nebenstehende Abbildung:

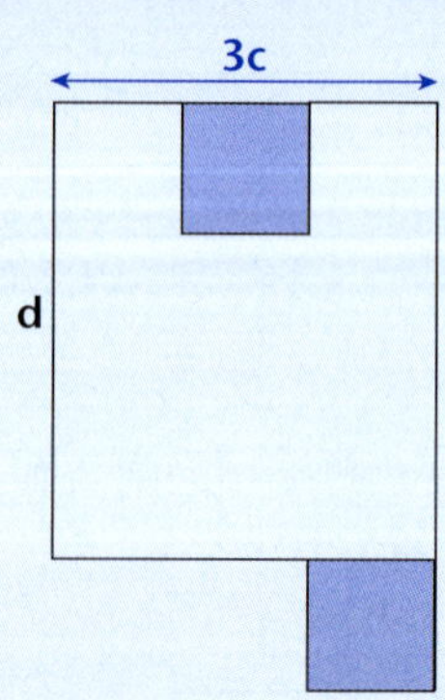

1 Mathematische Begriffe: **Satz des Pythagoras; Sinus; Tangens**

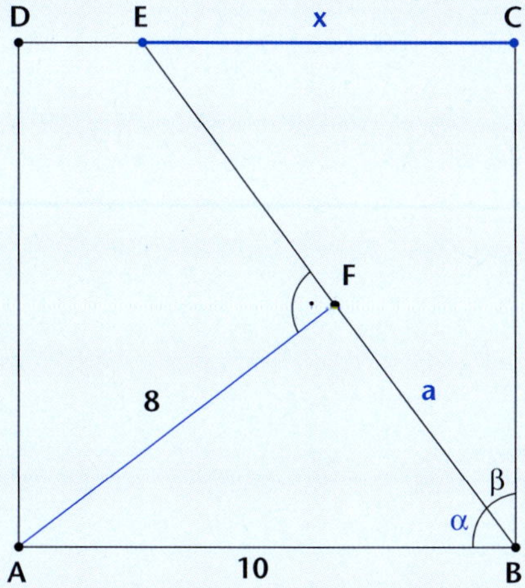

Lösung: Die Strecke von C nach E ist $x \approx 7{,}5$ cm lang.

Erklärung/Rechenweg:

Die Strecke a kann man mithilfe des Satzes des Pythagoras errechnen:

$10^2 = 8^2 + a^2 \quad \Leftrightarrow \quad 100 = 64 + a^2$

$\Leftrightarrow \quad 100 - 64 = a^2 \quad \Leftrightarrow \quad 36 = a^2 \quad \Leftrightarrow \quad 6 = a$

Den Winkel α kann man berechnen:

$\sin \alpha = \frac{\text{Gegenkathete}}{\text{Hypotenuse}} = \frac{8}{10} = 0{,}8 \quad \Leftrightarrow \quad \alpha \approx 53{,}13°$

Für Winkel β gilt:

$\beta = 90° - \alpha \quad \Leftrightarrow \quad \beta \approx 90° - 53{,}13° \approx 36{,}87°$

Die Strecke x lässt sich berechnen:

$\tan \beta = \frac{x}{10} \quad \Leftrightarrow \quad \tan 36{,}87 = \frac{x}{10}$

$\Leftrightarrow \quad x \approx 10 \cdot \tan 36{,}87° \approx 7{,}5$

2 Mathematische Begriffe: **Winkel; Nebenwinkel; Scheitelwinkel; Winkelsumme im Dreieck**

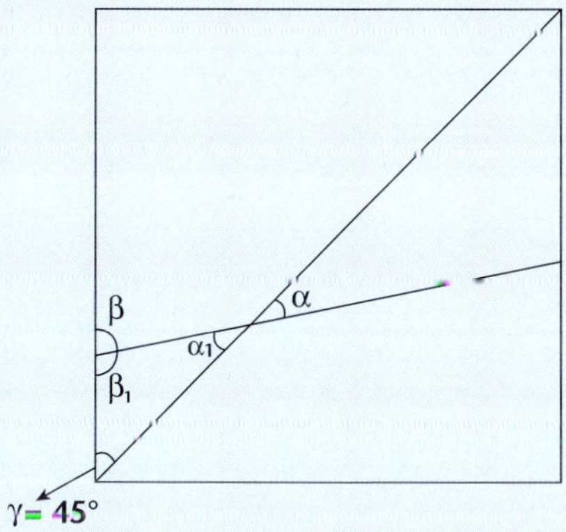

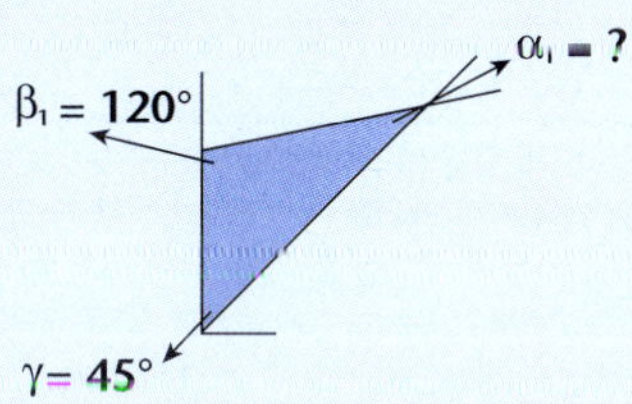

Lösung: Die Winkel α ist 15° groß.

Erklärung/Rechenweg:

β und β_1 sind Nebenwinkel, also gilt: $\beta + \beta_1 - 180°$. $60° + \beta_1 - 180°$; also ist $\beta_1 = 120°$.

In dem blauen Dreieck gilt: $\alpha_1 + \beta_1 + \gamma = 180° \quad \Leftrightarrow \quad \alpha_1 + 120° + 45° = 180° \quad \Leftrightarrow \quad \alpha_1 = 15°$

Da α und α_1 Scheitelwinkel sind, müssen sie gleich sein: $\alpha = 15°$

1

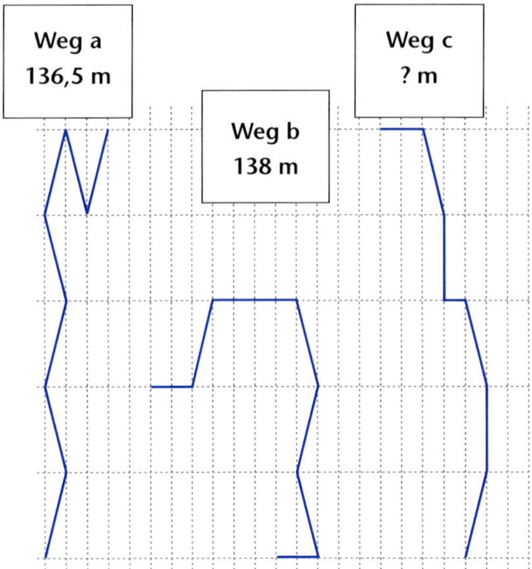

Auf diesem Rechteckgitter sind drei Wege a, b und c eingezeichnet.
Die Längen der Wege a und b sind bekannt.
Wie lang ist der Weg c?

2

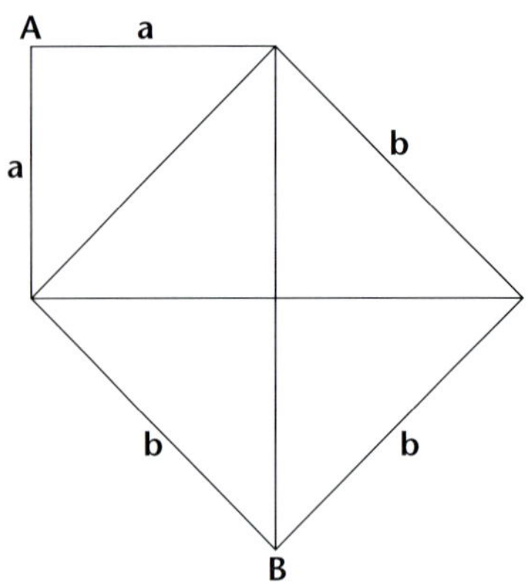

In dieser Figur erkennt man zwei Quadrate.
Die Seitenlängen sind a und b.
Berechne die kürzeste Entfernung von A nach B, wenn a = 10 cm lang ist.

1

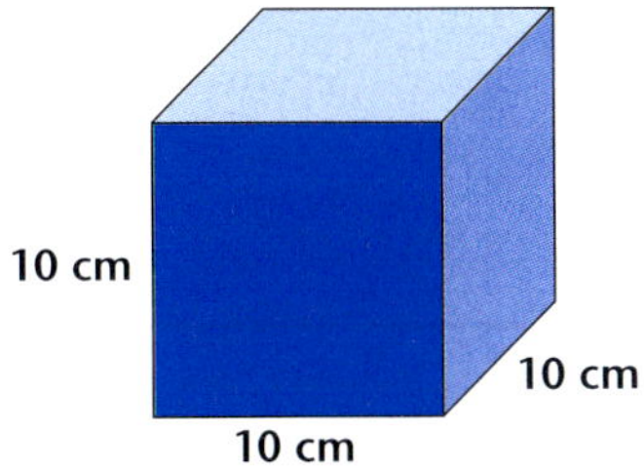

Ein würfelförmiger Behälter hat eine Seitenlänge von 10 cm.
Er ist bis zum Rand mit Wasser gefüllt.

Kippt man ihn längs einer Kante, so läuft Wasser aus.
Wie viel ml Wasser laufen aus, wenn die Grundkante auf 6 cm angehoben wird?

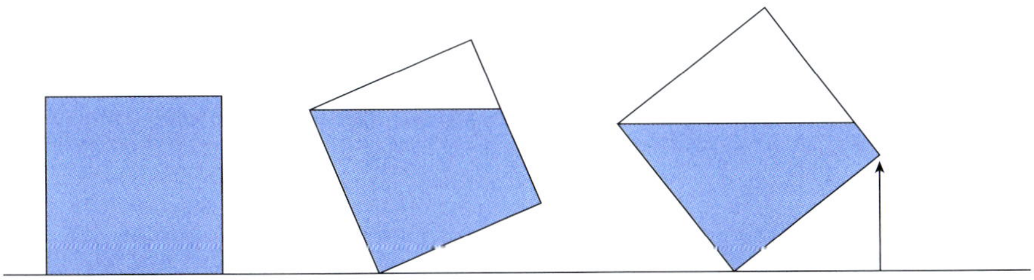

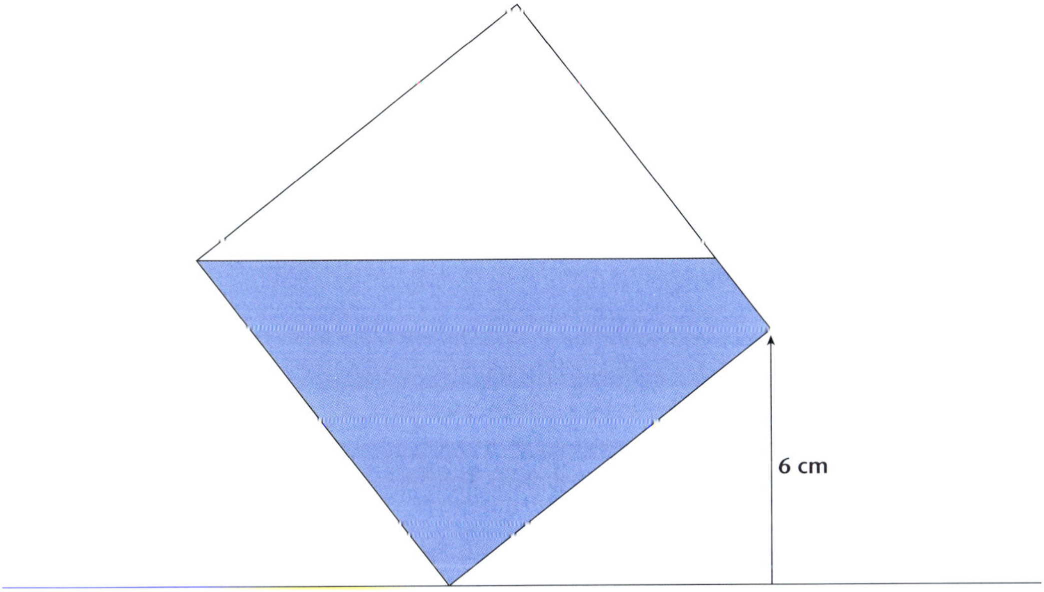

1 Mathematischer Begriff: **Satz des Pythagoras**

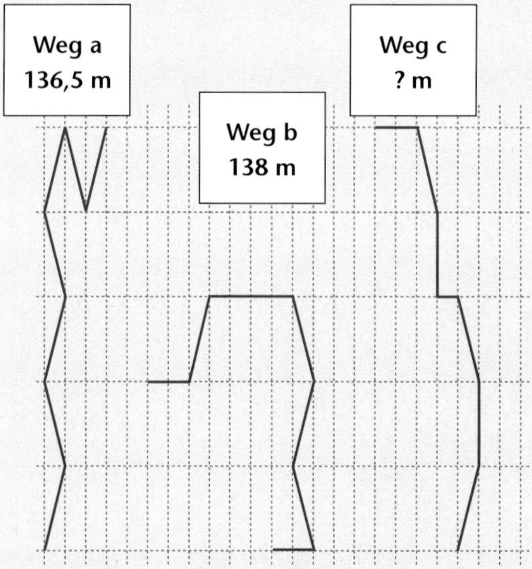

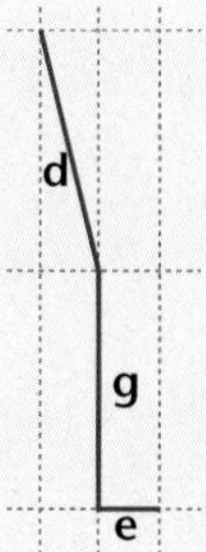

Lösung: Der Weg c hat eine Länge von 117 m.

Erklärung/Rechenweg:

In allen drei Wegen kommen die folgenden Streckensorten vor:
d (diagonale Strecke)
g (senkrechte Strecke)
e (waagerechte Strecke).
Sie setzen sich aus diesen Strecken zusammen.

I. Der Weg a besteht aus 7 d.
II. Der Weg b besteht aus 4 d und 8 e.
III. Der Weg c besteht aus 3 d, 3 e und 2 g.

Hieraus folgt:

I. $7d = 136{,}5\ m \quad \Leftrightarrow \quad d = 19{,}5\ m$

II. $4\,d + 8\,e = 138 \quad \Leftrightarrow \quad 4 \cdot 19{,}5\ m + 8e = 138\ m \quad \Leftrightarrow \quad 8\,e = 60\ m \quad \Leftrightarrow \quad e = 7{,}5\ m$

g lässt sich mithilfe des Satzes von Pythagoras berechnen: $d^2 = g^2 - e^2 \quad \Leftrightarrow$

$g^2 = d^2 - e^2 \quad \Leftrightarrow \quad g^2 = 19{,}5^2 - 7{,}5^2 = 324 \quad \Leftrightarrow \quad g = 18$

Jetzt ist die Berechnung von Weg c möglich:

$c = 3\,d + 3\,e + 2\,g = 3 \cdot 19{,}5\ m + 3 \cdot 7{,}5\ m + 2 \cdot 18\ m \quad \Leftrightarrow \quad c = 117\ m$

2 Mathematischer Begriff: **Satz des Pythagoras**

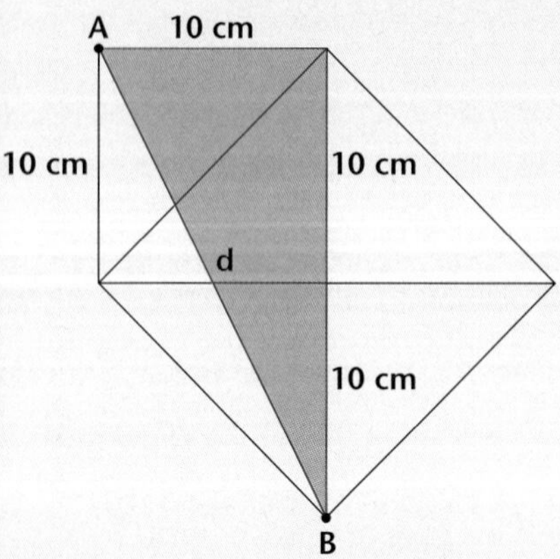

Lösung: Von A nach B sind es $d \approx 22{,}36$ cm.

Erklärung/Rechenweg:

Die Verbindung d von A nach B lässt sich mit dem Satz von Pythagoras bestimmen:

$d^2 = 10^2 + 20^2 = 500 \quad \Leftrightarrow \quad d = \sqrt{500} \approx 22{,}36$

1 Mathematische Begriffe: **Körperberechnung; Volumen; Höhensatz; Satz des Pythagoras**

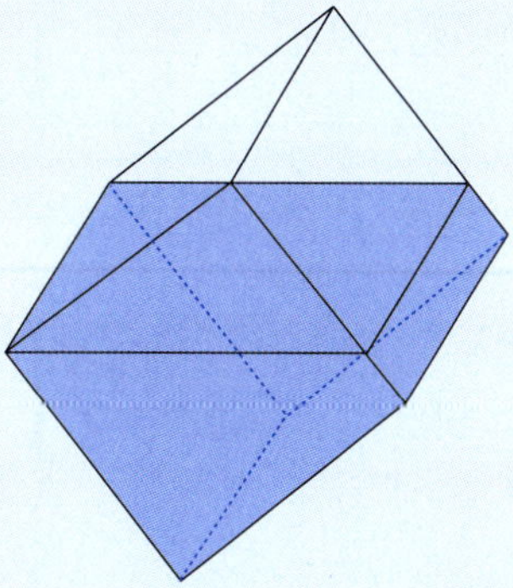

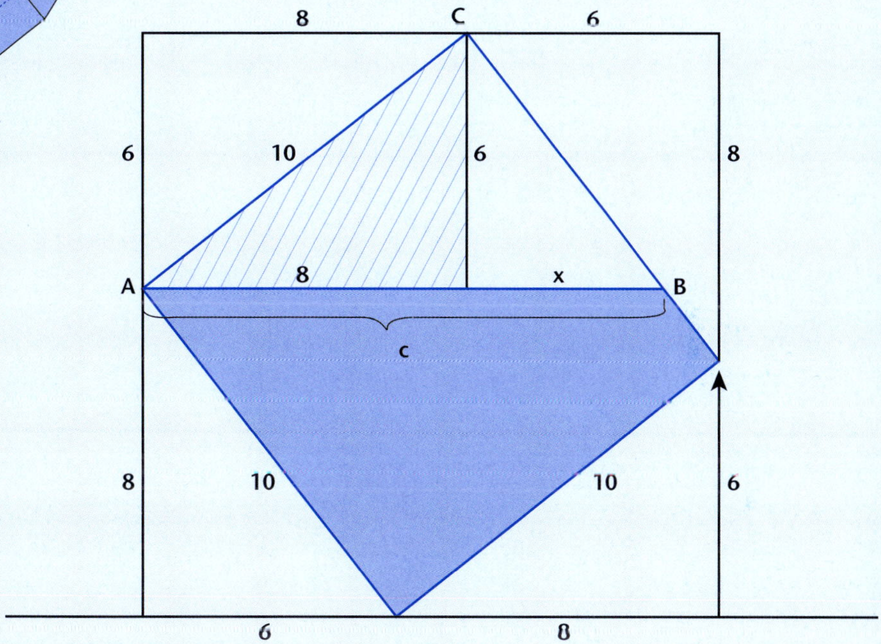

Lösung: Es laufen 375 ml Wasser aus.

Erklärung/Rechenweg:

In dem Dreieck ABC, das rechtwinklig ist, gilt der Höhensatz: $h^2 = p \cdot q$

Die Höhe $h = 6$ und die Hypotenusenabschnitte sind 8 und x.

Die 8 lässt sich berechnen, da in dem rechtwinkligen schraffierten Dreieck der Satz des Pythagoras gilt:

$10^2 = 6^2 + 8^2$

$h^2 - p \cdot q \quad \Leftrightarrow \quad 6^2 - 8 \cdot x \quad \Leftrightarrow \quad 36 - 8 \cdot x \quad \Leftrightarrow \quad x = 4{,}5$

Die Hypotenuse c des Dreiecks ABC ist $c = 8 + x \quad \Leftrightarrow \quad c = 8 + 4{,}5 = 12{,}5$

Der Flächeninhalt des Dreiecks ABC ist $A = \frac{c \cdot h}{2} = \frac{12{,}5 \cdot 6}{2} = 37{,}5$

Da es sich um einen Würfel mit der Kantenlänge 10 handelt, gilt für das Volumen V_1 des Teilkörpers

$V_1 = G \cdot h \qquad V_1 = 37{,}5\ cm^2 \cdot 10\ cm = 375\ cm^3$

Da der gesamte Würfel ein Fassungsvermögen von

$V = 10\ cm \cdot 10\ cm \cdot 10\ cm = 1000\ cm^3$ besitzt, sind nach dem Kippen noch $675\ cm^3$ Wasser in dem Würfel.

1

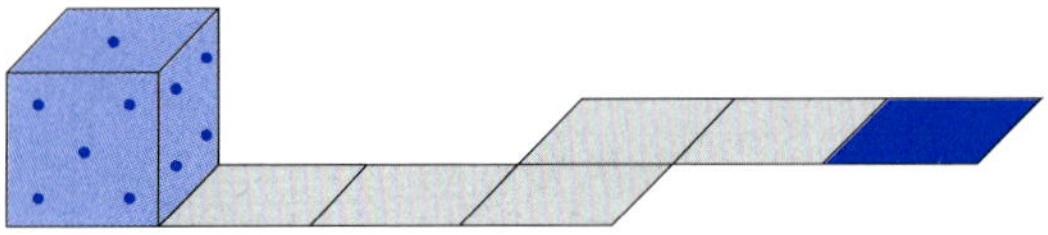

Der Würfel wird auf der gezeichneten Bahn abgerollt.
Welche Zahl steht oben auf dem Würfel, wenn er auf dem letzten Feld angekommen ist?

2

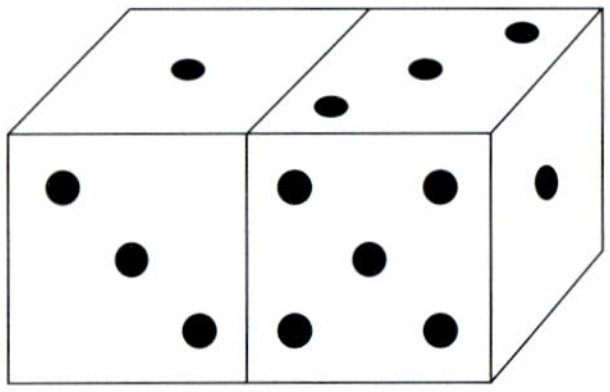

Die beiden Spielwürfel liegen so, dass genau 5 ihrer 12 Seitenflächen sichtbar sind.
Wie groß ist die Summe der Augenzahlen der 7 Seitenflächen, die für dich nicht sichtbar sind?

Wie bei einem Spielwürfel üblich, sollen auch hier die 1 der 6, die 2 der 5 und die 3 der 4 gegenüberliegen!

1

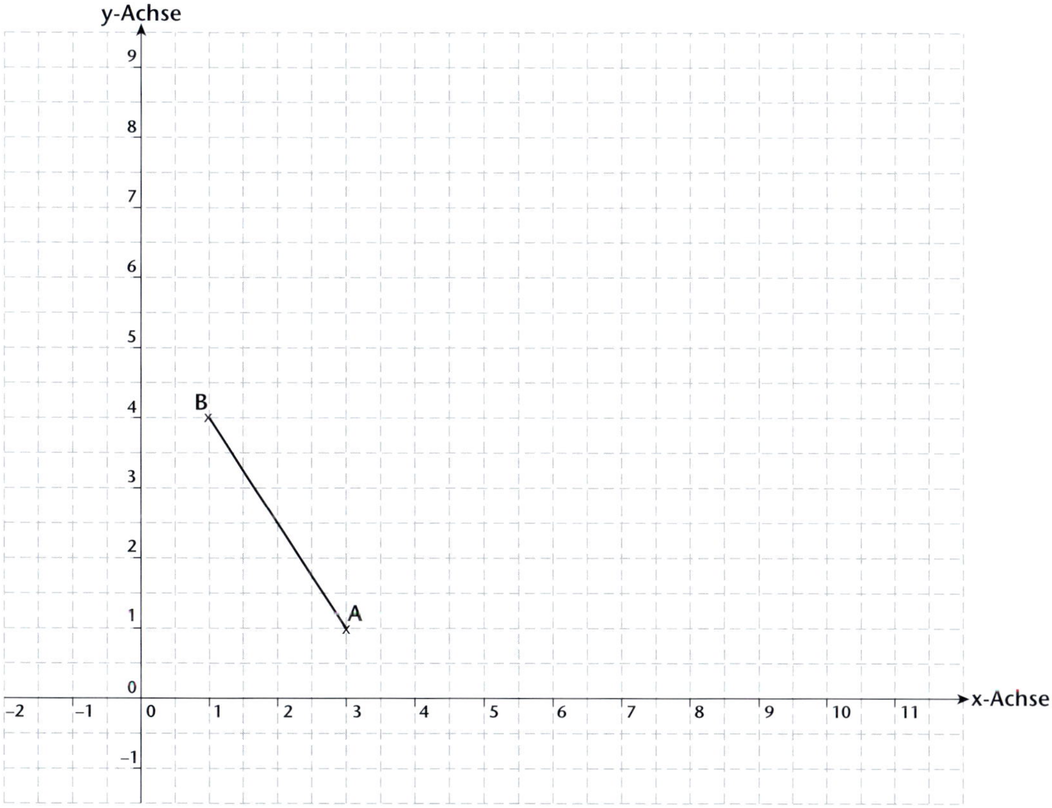

Die hier gezeichnete Strecke ist die Seite eines Quadrates.
Wie heißen die Koordinaten der beiden anderen Eckpunkte?

Schreibe sie auf und zeichne das vollständige Quadrat ein.

1 Mathematische Begriffe: **Körperdarstellung**
Raumvorstellung

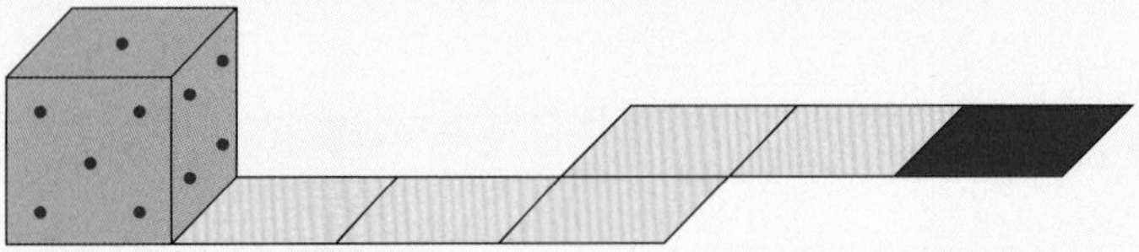

Lösung: Die  steht oben auf dem Würfel

Erklärung/Rechenweg:

Am besten zeichnest du dir den Weg des Würfels auf. Wenn es nicht „in Gedanken" geht, hier die Darstellung:

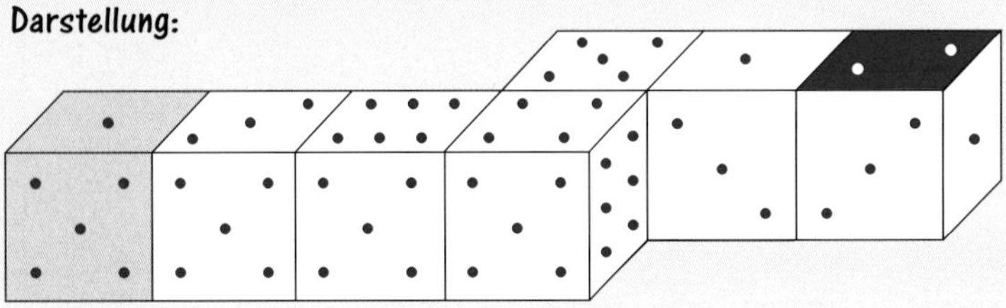

Du kannst es auch mit einem Spielwürfel ausprobieren; dabei ist zu beachten, dass es unterschiedliche Arten von Spielwürfeln gibt!

2 Mathematische Begriffe: **Körperdarstellung; Raumvorstellung;**
Netz des Würfels

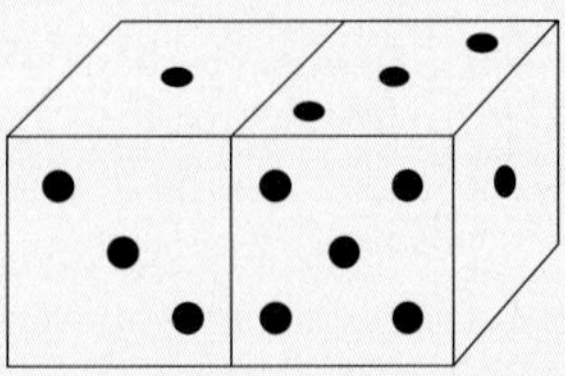

Lösung: Die Summe hat den Wert 29.

Erklärung/Rechenweg:

Die Summe der gegenüberliegenden Flächen beträgt 7.
Also liegt beim linken Würfel der 3 die 4 gegenüber, die 1 der 6.
Auf der linken Seite befindet sich die 2 oder die 5; insgesamt sieht man 7 Augen nicht.
Beim rechten Würfel liegt der 5 die 2 gegenüber, der 3 die 4, der 1 die 6.
Die sieben nicht sichtbaren Seiten bilden die Summe
$4 + 6 + 2 + 5 + 2 + 4 + 6 = 29$

Hier ist das Netz des linken Würfels abgebildet; die blauen Flächen sind nicht zu sehen!

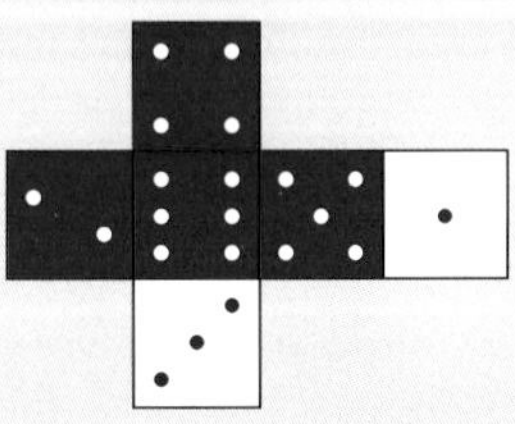

Noch einfacher ist dieser Lösungsweg: Jeder Würfel hat insgesamt eine Augensumme von $3 \cdot 7 = 21$;
zwei Würfel haben also die Augensumme $2 \cdot 21 = 42$.
Da die sichtbaren Augen zusammen den Summenwert 13 besitzen, bleibt für die nicht sichtbaren der Wert $42 - 13 = 29$.

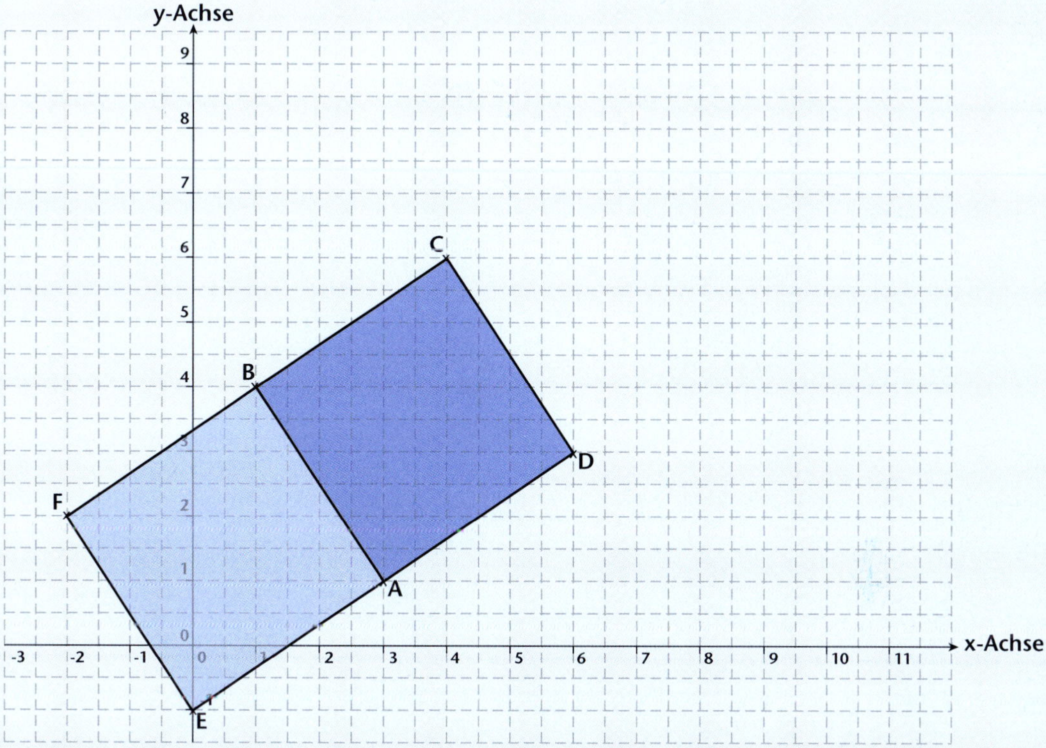

Lösung: Es gibt zwei Möglichkeiten für das Quadrat:

1. Viereck ADCB
   D(6/3); C(4/6)

2. Viereck ABFE
   F(−2/2); E(0/−1)

Erklärung/Rechenweg:

Man kann z. B. mithilfe eines Geodreiecks die fehlenden Punkte herausfinden.
Häufig übersieht man, dass es zwei mögliche Lösungsquadrate gibt!

1

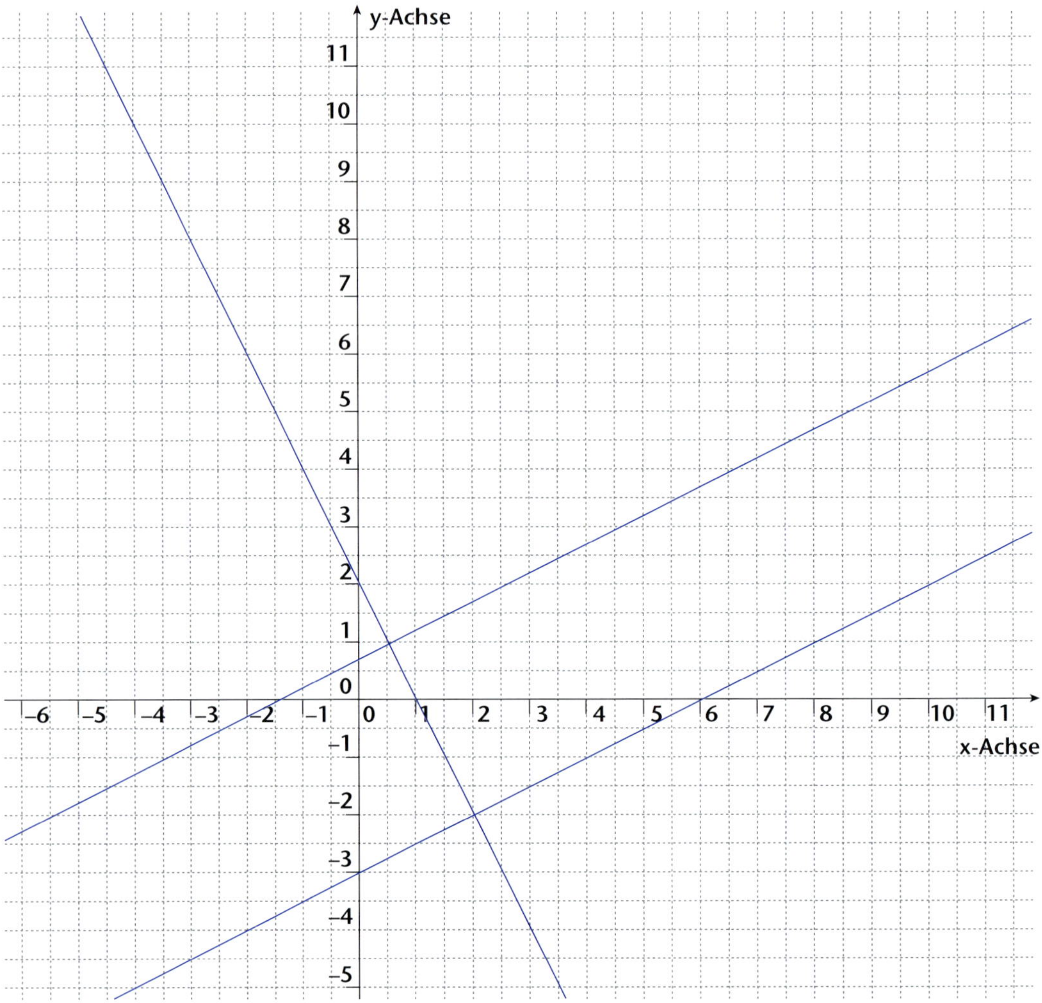

Bestimme die Funktionsgleichung einer vierten Geraden so, dass in der Mitte ein Quadrat entsteht.
Zeichne die Gerade auch ein.
Welchen Flächeninhalt hat das entstehende Quadrat?

1

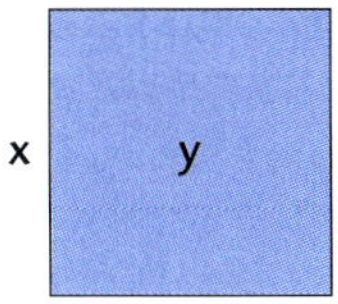

Vervollständige die unten stehende Wertetabelle und trage die Punkte in das Koordinatensystem ein.
x ist die Seitenlänge und y der Flächeninhalt des Quadrates.

Bestimme die zugehörige Funktionsgleichung.

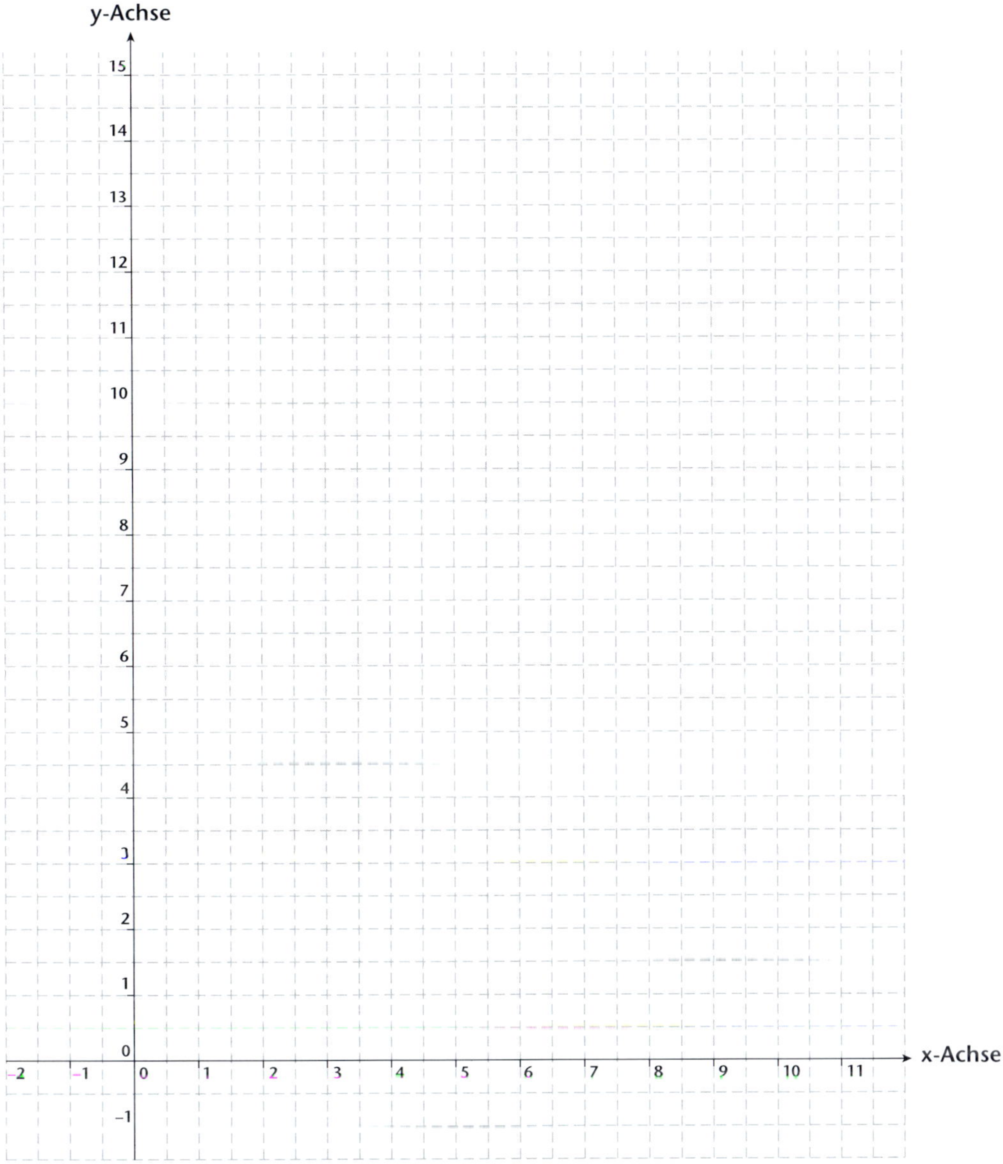

Seitenlänge **x**									
Flächeninhalt **y**									

1 Mathematische Begriffe: **Lineare Funktionen; Steigung einer Geraden; Funktionsgleichung; Flächeninhalt; Satz des Pythagoras**

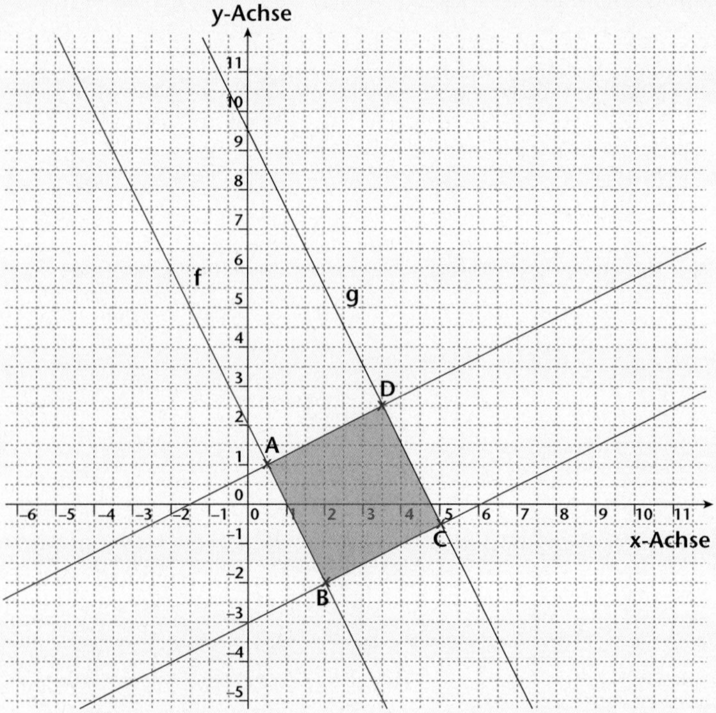

Lösung: Die Funktionsgleichung der vierten Geraden lautet

$y = -2x + 9{,}5$

Der Flächeninhalt ist

$A = 11{,}25$

Erklärung/Rechenweg:

Die Steigung der gesuchten Geraden g muss gleich der Steigung der Geraden f sein, da beide zueinander parallel verlaufen müssen; denn die beiden Quadratseiten liegen auf diesen Geraden.

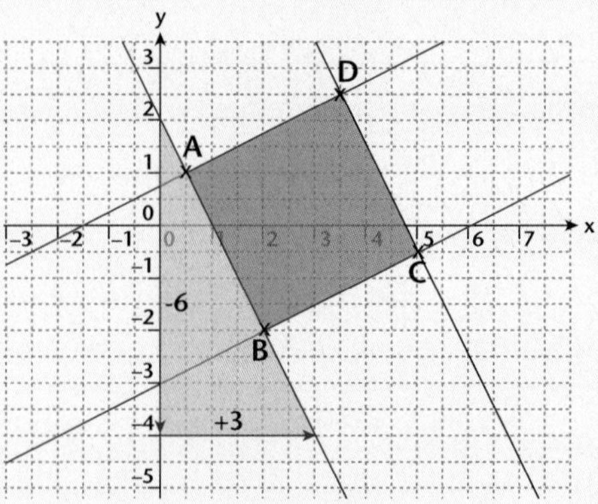

Zur Berechnung der Steigung zeichnet man an die Gerade f ein (beliebig) großes Steigungsdreieck.

Die Steigung $m = \frac{\text{Stufenhöhe}}{\text{Stufenbreite}} = \frac{-6}{+3} = -2$

Die Gleichung für g lautet also g: $y = -2x + b$

Setzt man in diese Gleichung die Koordinaten eines Punktes von g für x und y ein, dann erhält man eine Gleichung, in der nur noch b unbekannt ist:

D(3,5/2,5) liegt auf g; also gilt $2{,}5 = -2 \cdot 3{,}5 + b$

$2{,}5 = -7 + b$

$9{,}5 = b$

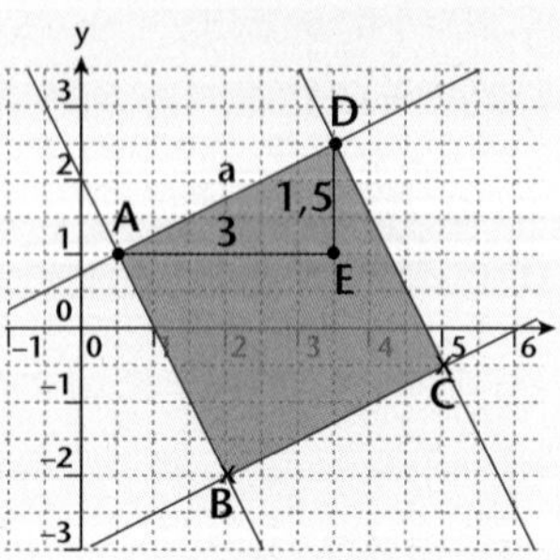

Um den Flächeninhalt herauszufinden, gibt es viele Möglichkeiten; $A = a^2$.

a und damit auch a^2 lässt sich mithilfe des Satzes des Pythagoras berechnen – wie die Darstellung deutlich macht:

$a^2 = 3^2 + 1{,}5^2$

$a^2 = 9 + 2{,}25 = 11{,}25$

1 Mathematische Begriffe: **Quadratische Funktion; Parabel; Funktionsgleichung; Flächeninhalt**

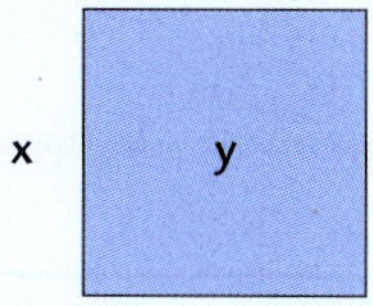

Lösung: Die Funktionsgleichung lautet $y = x^2$.

Erklärung/Rechenweg:
Für den Flächeninhalt y des Quadrates mit der Seitenlänge x gilt
$y = x \cdot x = x^2$

Da für die Quadratseite keine negativen Werte gewählt werden können, ist das Bild dieser Zuordnung der Teil einer Parabel.

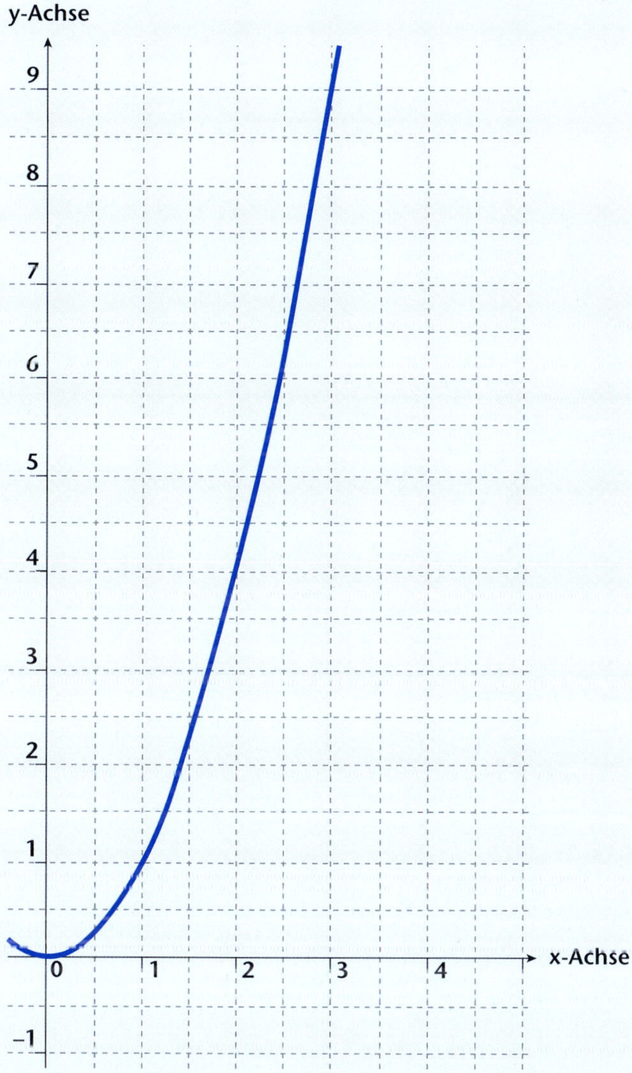

Seitenlänge **x**	0	0,5	1	1,5	2	2,5	3	4	…
Flächeninhalt y	0	0,25	1	2,25	4	6,25	9	16	…

1

Wenn man den Umfang x eines Quadrates kennt, lässt sich der Flächeninhalt y durch eine Gleichung bestimmen.
Fülle die Tabelle unten aus und bestimme die Gleichung.

Zeichne das Bild dieser Zuordnung ein.

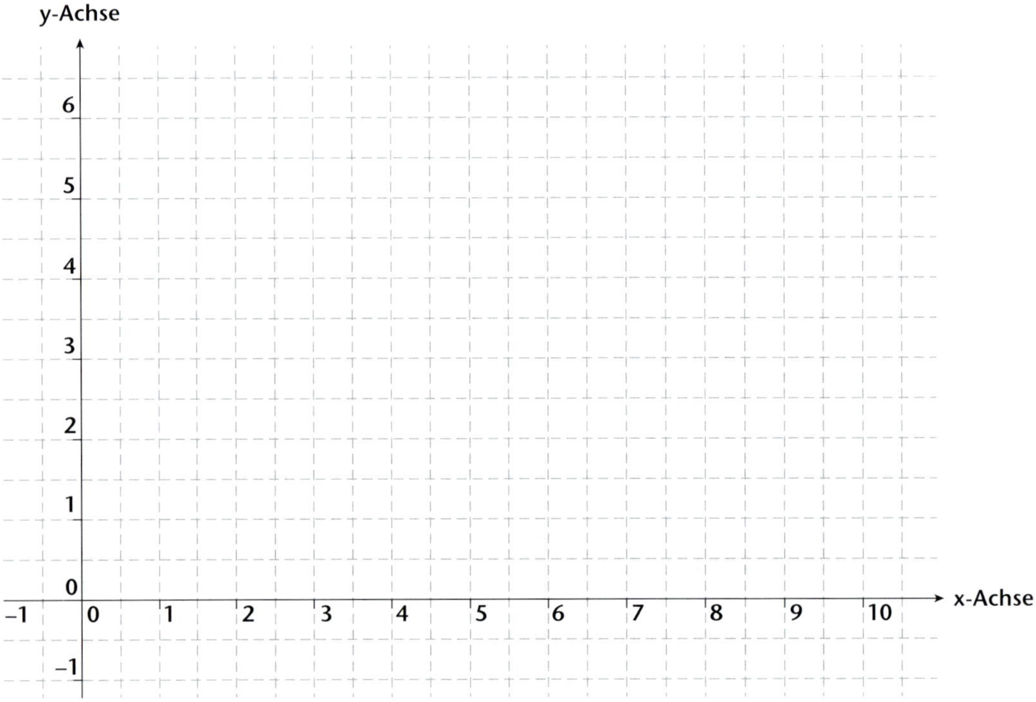

Umfang **x**	1	2	3	4	5	6	7	8	…
Flächeninhalt **y**									

1

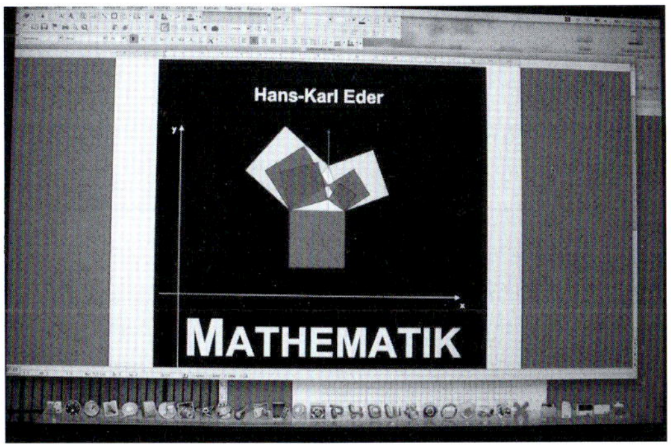

Klaus will sich einen flachen 17″-Monitor zulegen. [1″ = 2,54 cm]
Die Länge des Bildschirms beträgt 34,5 cm und die Höhe 26 cm.
Prüfe durch Rechnung, ob es sich überhaupt um einen 17″-Monitor handelt.

2

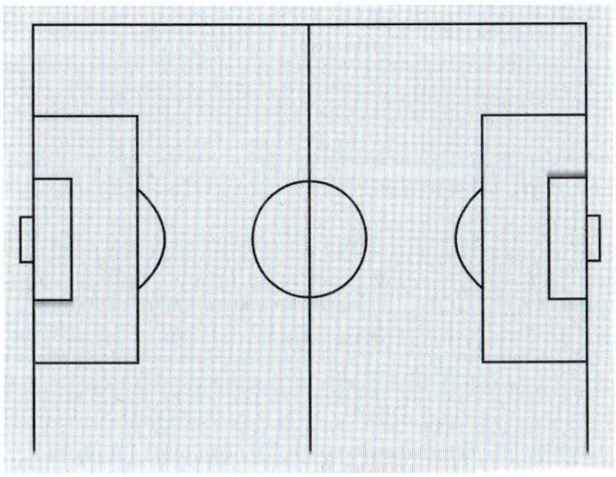

Ein Fußballfeld ist ca. 105 m lang und 68 m breit.
Der Wohnzimmerteppich der Familie Groß ist 4 m lang und 2,50 m breit.
Wie viele solcher Teppiche benötigte man, wollte man das ganze Fußballfeld damit auslegen?

1 Mathematische Begriffe: **Quadratische Funktion; Funktionsgleichung; Parabel; Flächeninhalt**

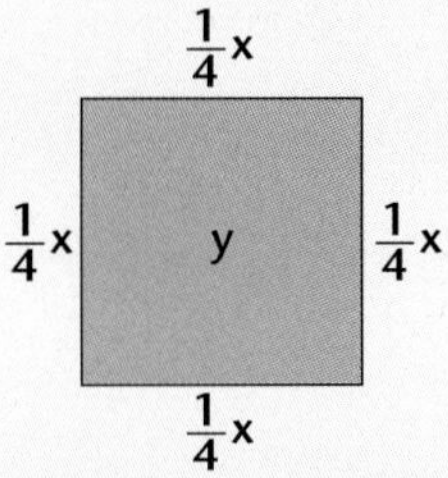

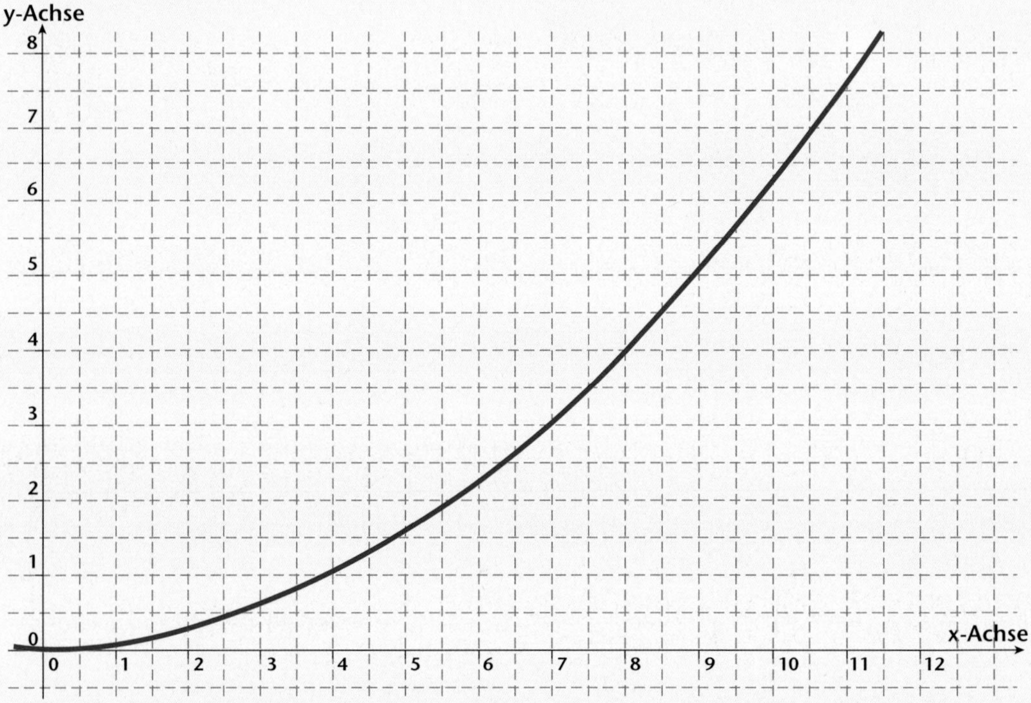

Lösung: Die Funktionsgleichung lautet $y = \left(\frac{1}{4}x\right)^2 = \frac{1}{16}x^2$

Erklärung/Rechenweg:

Der Umfang des Quadrates wird durch die Variable x ausgedrückt.

Eine Seite hat also die Seitenlänge $\frac{x}{4} = \frac{1}{4}x$

Um den Flächeninhalt zu berechnen, muss die Seite $\frac{1}{4}x$ mit sich selbst multipliziert werden.

$$\frac{1}{4}x \cdot \frac{1}{4}x = \left(\frac{1}{4}x\right)^2 = \frac{1}{16}x^2$$

Umfang x	1	2	3	4	5	6	7	8	…
Flächeninhalt y	0,0625	0,25	0,5625	1	1,5625	2,25	3,0625	4	…

Es handelt sich um eine gestauchte Parabel.

1 Mathematische Begriffe: **Satz des Pythagoras**, **Dreisatz**

Lösung: Es handelt sich tatsächlich um einen 17”-Monitor.

Erklärung/Rechenweg:

Mit 17“-Monitor ist gemeint, dass die Diagonale des Bildschirms 17” lang ist.

17” entspricht einer Länge von $17 \cdot 2{,}54$ cm, da 1” ≈ 2,54 cm lang ist.

$17 \cdot 2{,}54 \text{ cm} \approx 43{,}18 \text{ cm}$. Ein 17”-Monitor besitzt also eine ungefähr 43,18 cm lange Diagonale.

Da es sich bei dem Bildschirm um ein Reckteck handelt, lässt sich mithilfe des Satzes von Pythagoras berechnen, ob diese Diagonale zur Länge von 34,5 und Höhe von 26 passt.

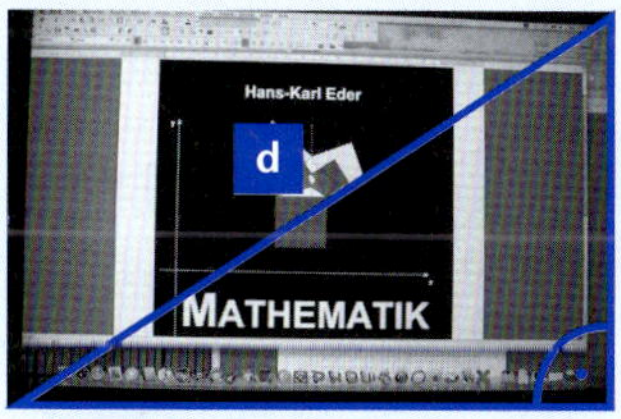

b Höhe 26 cm

a Länge 34,5 cm

$$d^2 = a^2 + b^2$$
$$43{,}18^2 = 34{,}5^2 + 26^2$$
$$1864{,}51 = 1190{,}25 + 676$$
$$1864{,}51 \approx 1866{,}25$$

(Die Ungenauigkeit ist eine Folge des Rundens!)

2 Mathematische Begriffe: **Multiplikation**, **Division**

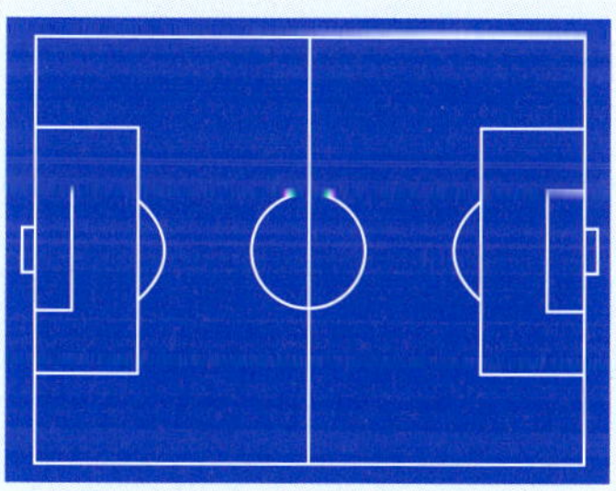

Lösung: Der Wohnzimmerteppich passt 714 mal auf das Fußballfeld.

Erklärung/Rechenweg:

Die Größe des Fußballfeldes ist

$A = \text{Länge} \cdot \text{Breite} = 105 \text{ m} \cdot 68 \text{ m} = 7140 \text{ m}^2$.

Die Größe des Wohnzimmerteppichs ist $A = 4 \text{ m} \cdot 2{,}50 \text{ m} = 10 \text{ m}^2$.

Jetzt muss errechnet werden, wie oft 10 m² in 7140 m² enthalten sind: $7140 \text{ m}^2 : 10 \text{ m}^2 = 714$

1

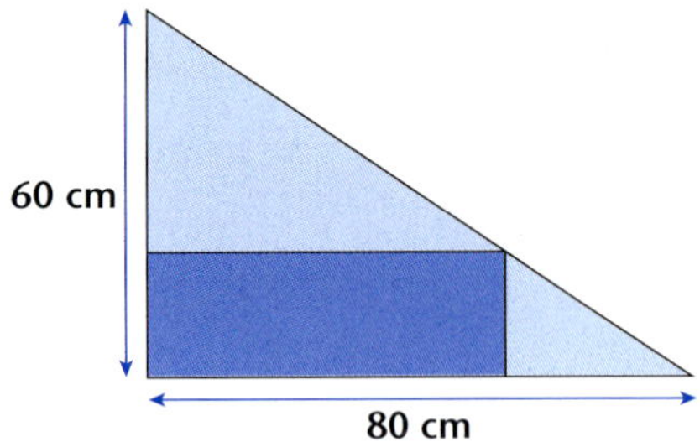

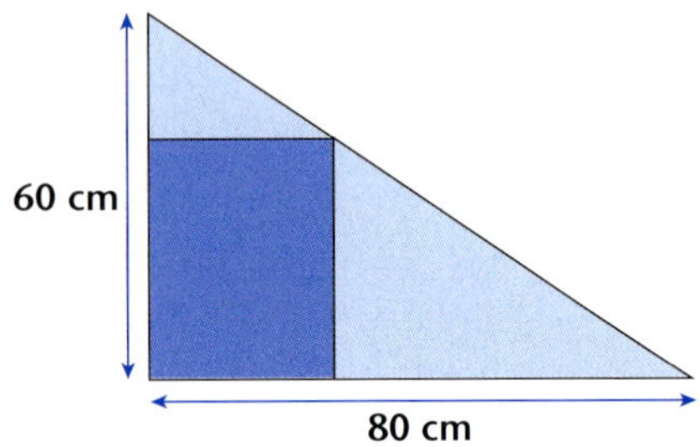

Das rechtwinklige Dreieck ist aus Glas. Aus diesem Glas soll eine möglichst große rechtwinklige Scheibe herausgeschnitten werden.

Wie groß kann diese Fläche maximal werden?

1

Der Förderverein der Schule beabsichtigt, ein Schachspielfeld auf dem Schulhof anzulegen. Einige Eltern haben sich bereit erklärt, das Feld in Eigenarbeit zu errichten, so dass keine Lohnkosten entstehen.
Dem Förderverein liegen zwei Angebote für gleichwertiges Material vor.
Die Größe des Spielfeldes steht noch nicht fest; allerdings soll aus Platzgründen das **quadratische Feld** nicht länger als 10 m werden.
Zudem wollen die Mitglieder nicht mehr als 3 100 € für das Material ausgeben.

Deine Aufgabe besteht darin, die Angebote zu vergleichen und den Förderverein bei der Entscheidung für ein Angebot zu beraten.

	Angebot A	Angebot B
Plattenbelag je m^2	27 €	23 €
Randbegrenzung je m	20 €	23 €
Weitere Materialien (Pauschale)	245 €	380 €

❶ Mathematische Begriffe: **Quadratische Funktion; Strahlensätze; Ähnlichkeit; Parabel; Gleichungen; Gleichungssystem**

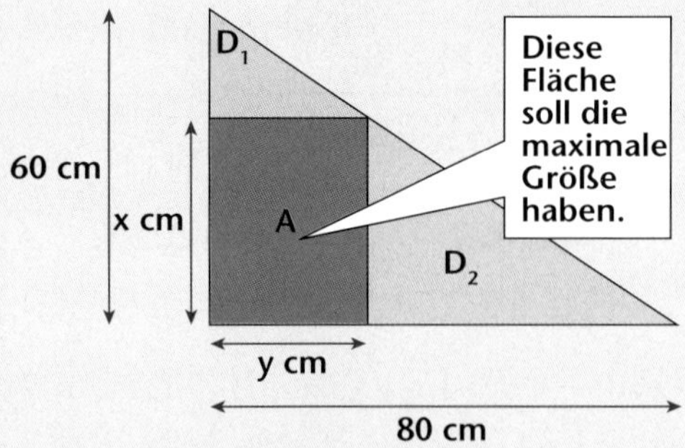

Lösung: Die Fläche mit der maximalen Größe ist das Rechteck mit den Seitenlängen $x = 30$ cm und $y = 40$ cm und dem Flächeninhalt $A = 1200\ cm^2$ oder $x = 3$ dm und $y = 4$ dm und $A = 12\ dm^2$.

Erklärung/Rechenweg:

Der Flächeninhalt ist $A = x \cdot y$

Wählt man für x irgendeine bestimmte Länge, dann ergibt sich zwangsläufig in Abhängigkeit von x ein bestimmter y-Wert für die Breite:

Ein Beispiel: Wählt man für x den Wert 60, dann kann y nur noch 0 sein und es gäbe kein Rechteck (also keine „vernünftige" Lösung!); ebenso darf x nicht 0 sein. Alle möglichen x-Werte (und damit Längen des gesuchten Rechtecks) bewegen sich zwischen den Werten 0 und 60.

Das Ausgangsdreieck besteht aus drei verschieden großen Teilen: den beiden Dreiecken D_1 und D_2 und dem gesuchten Rechteck A.

Die drei Dreiecke (D_1, D_2 und das Ausgangsdreieck) sind ähnlich zueinander, denn ihre Winkel sind jeweils gleich, und es gilt der Strahlensatz:

$$\frac{60 - x}{y} = \frac{60}{80} \quad \Leftrightarrow \quad 80 \cdot (60 - x) = 60 \cdot y$$

$$\Leftrightarrow \quad 4800 - 80x = 60y$$

$$\Leftrightarrow \quad y = 80 - \frac{4}{3}x \quad \Leftrightarrow \quad y = -\frac{4}{3}x + 80$$

Für den Flächeninhalt A gilt:

$$A = x \cdot y \quad \Leftrightarrow \quad A = x \cdot \left(-\frac{4}{3}x + 80\right)$$

$$\Leftrightarrow \quad A = -\frac{4}{3}x^2 + 80x$$

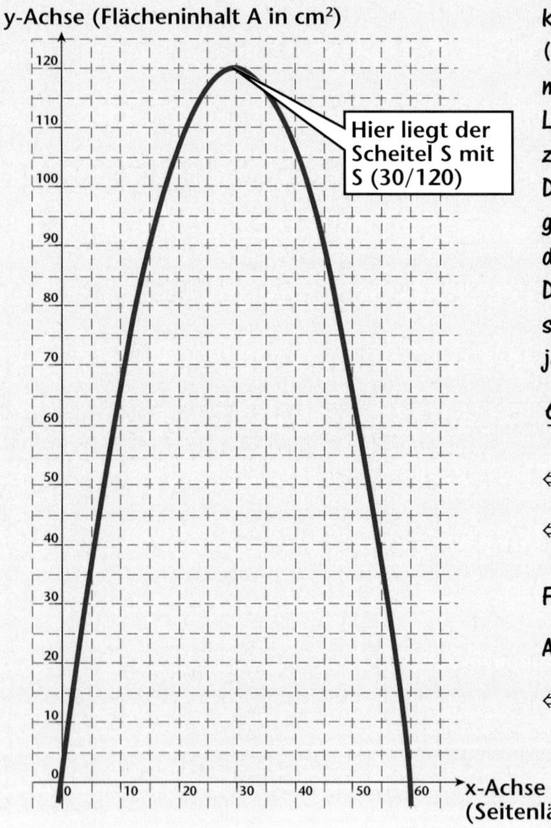

x (Länge in cm)	...	20	25	30	35	40	...
A (Flächeninhalt in cm^2)	...	≈ 1067	≈ 1167	1200	≈ 1167	≈ 1067	...

Für den Flächeninhalt entsteht eine quadratische Zuordnung, die man in ein Koordinatensystem eintragen kann; es entsteht eine Parabel mit einem höchsten Punkt, dem Scheitelpunkt S. Die Koordinaten von S (30/120) geben die Lösung des gestellten Problems an.

1 Mathematische Begriffe: Quadratische Funktionen Quadratische Gleichung

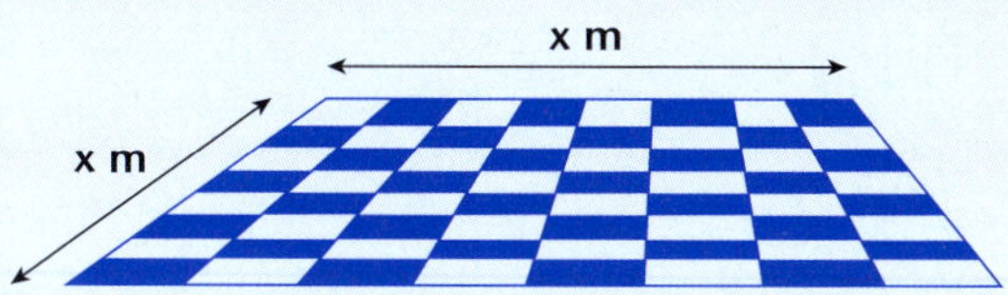

Lösung: Bei 7,5 m Länge sind beide Angebote genau gleich.

Erklärung/Rechenweg:
Für die Länge x der quadratischen Spielfläche müssen Zahlen gefunden werden, um vernünftige Aussagen treffen zu können.

1. Wählt man für x beliebige Längen, dann erhält man für diese Werte die entsprechenden Gesamtkosten; hier für einige Längen von 5 m bis 9 m:

x (Länge in m)	...	5	6	7	7,5	8	9	...
y (Angebot A in €)	...	1320	1697	2128	2363,75	2613	3152	...
y (Angebot B in €)	...	1415	1760	2151	2363,75	2588	3071	...

Man erkennt deutlich die unterschiedlichen Gesamtpreise der beiden Angebote: Bei der Quadratlänge von 7,5 m sind beide Angebote identisch; unter 7,5 m ist das Angebot A, über 7,5 m das Angebot B günstiger. Beachtet werden muss auch, dass bei 9 m Länge das Angebot A bereits den Höchstbetrag des Fördervereins von 3100 € übersteigt!
Den Wert $x = 7,5$ erhält man durch geeignetes „Ausprobieren" (Einsetzen in die Gleichung).

2. Die Lösung lässt sich auch rechnerisch finden; dabei ist die Tabelle der Aufgabe nützlich; alle Preise werden berechnet und als Größenterm für die Seitenlänge wird die Variable x gewählt:

	Angebot A	Angebot B
Plattenbelag je m^2 (Fläche)	$27x^2$	$23x^2$
Randbegrenzung je m (Umfang)	$20 \cdot x \cdot 4$	$23 \cdot x \cdot 4$
Weitere Materialien (Pauschale)	245	380
Gesamtkosten y	$27x^2 + 80x + 245$	$23x^2 + 92x + 380$

Es lassen sich zwei Gleichungen aufstellen. Für beliebige Seitenlängen x ergeben sich die Gesamtkosten y:

Angebot A: $y = 27x^2 + 80x + 245$

Angebot B: $y = 23x^2 + 92x + 380$

Nun löst man das Gleichungssystem, bei dem am Ende eine quadratische Gleichung übrig bleibt:

$27x^2 + 80x + 245 = 23x^2\ 92x + 380$

$\Leftrightarrow \quad 4x^2 - 12x - 135 = 0 \quad \Leftrightarrow \quad x^2 - 3x - 33,75 = 0$

$x_1 = 1,5 + \sqrt{1,5^2 + 33,75} = 7,5$ und $x_2 = 1,5 - \sqrt{1,5^2 + 33,75} = -4,5$

1

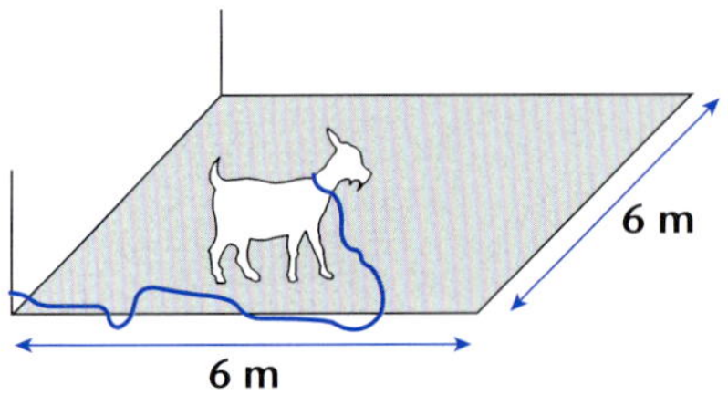

Bauer Hartmann hat ein schönes, quadratisches Rasenstück, das er von seiner Ziege Emma abgrasen lassen möchte.
Damit sie nicht alles auf einmal frisst, macht er Folgendes:

Am ersten Tag bindet er Emma mit einer 2 m langen Schnur an dem Pfosten fest.
An den folgenden Tagen wird die Schnur jeweils um 1 m verlängert.
Wenn die Schnur 6 m lang ist und bis zum hinteren Pfosten reicht, kommt Emma auf eine andere Wiese.

Wie viel m^2 Fläche kann Emma jeden Tag abgrasen?
Wie viel ist es insgesamt?

2

Nachdem das Gras nachgewachsen ist, soll die Ziege wieder auf das Rasenstück. Diesmal möchte Bauer Hartmann aber, dass die Ziege jeden Tag dieselbe Fläche abgrasen kann.
Er beginnt wieder mit einer 2 m langen Schnur.
Nun überlegt er, um wie viele cm er die Schnur jeden Tag verlängern muss, damit Emma immer das Gleiche zu fressen hat. Löse das Problem.

1

Herr Braun will einen Hundezwinger bauen.
Um eine Seite Draht einzusparen, nutzt er die vorhandene Mauer.
Bevor er jedoch mit dem Bau des Zaunes beginnt, überlegt er sich, wie groß der Platz für Wackel, seinen Hund, wird, wenn er 40 m Draht kauft.
Der Platz soll rechteckig werden und natürlich möglichst groß.

a) Löse das Problem.

b) Die andere Überlegung des Herrn Braun ist, mit 60 m Zaun vor der Mauer ein 250 m^2 großes rechteckiges Grundstück einzuzäunen. Welche Seitenlängen muss er dann wählen?

❶ Mathematische Begriffe: **Kreisberechnung** **Kreisring**

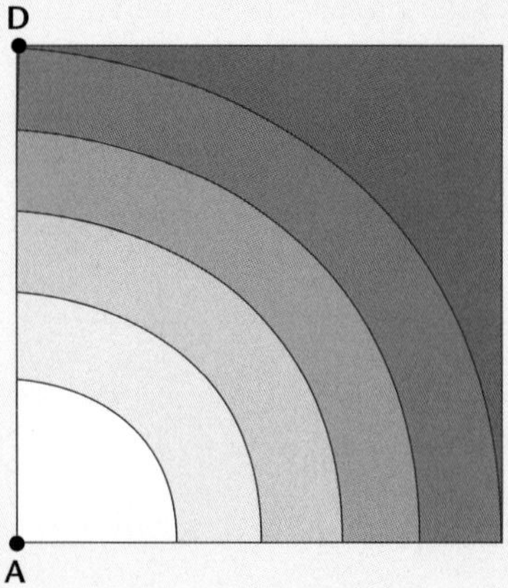

Lösung: Emma kann $\approx 28{,}274\ m^2$ in den 5 Tagen abgrasen.

Erklärung/Rechenweg:

Die Ziege Emma kann täglich Flächenstücke in Form von Viertelkreisen abgrasen:

$$A_{Viertelkreis} = \frac{1}{4} \cdot \pi \cdot r^2$$

Sie grast insgesamt den Viertelkreis mit dem Radius $r = 6$ m ab: $A \approx 28{,}274\ m^2$

In der folgenden Tabelle sind die Flächengrößen eingetragen; stets muss darauf geachtet werden, dass die abgegraste Menge aller Vortage subtrahiert wird, um die jeweilige Tagesration zu erhalten: Beispiel Tag 3:

$A_{Tag\,3} = \frac{1}{4} \cdot \pi \cdot 4^2 \approx 12{,}57$; von diesem Wert müssen die Werte 3,93 und 3,14 der Vortage subtrahiert werden. $12{,}57 - 9{,}93 - 3{,}14 \approx 5{,}496$

Leinenlänge x	2 m	3 m	4 m	5 m	6 m
Abgegraste Tagesration y	$3{,}14\ m^2$	$3{,}93\ m^2$	$5{,}496\ m^2$	$7{,}069\ m^2$	$8{,}639\ m^2$
	Tag 1	Tag 2	Tag 3	Tag 4	Tag 5

❷ Mathematische Begriffe: **Kreisberechnung** **Kreisring**

Lösung: Die Schnur muss täglich immer weniger verlängert werden, da die Viertelkreisringfläche stets konstant bleiben soll; Werte stehen in der Tabelle.

Erklärung/Rechenweg:

Hier geht es darum herauszufinden, wie groß jeweils der Radius des Viertelkreises sein muss, damit die neu hinzukommende Fläche konstant bleibt:

$$A = \frac{1}{4} \cdot \pi \cdot r^2 \quad \Leftrightarrow \quad 4 \cdot A = \pi \cdot r^2 \quad \Leftrightarrow \quad \frac{4 \cdot A}{\pi} = r^2 \quad \Leftrightarrow \quad r = \sqrt{\frac{4 \cdot A}{\pi}}$$

Abgegraste Tagesration x	$3{,}14\ m^2$	$3{,}14\ m^2$	$3{,}14\ m^2$	$3{,}14\ m^2$	$3{,}14\ m^2$	$3{,}14\ m^2$
Leinenlänge y	≈ 2 m	$\approx 2{,}83$ m	$\approx 3{,}46$ m	≈ 4 m	$\approx 4{,}47$ m	$\approx 4{,}9$ m
Verlängerung der Schnur	-	$\approx 0{,}83$ m	$\approx 0{,}63$ m	$\approx 0{,}54$ m	$\approx 0{,}47$ m	$\approx 0{,}43$ m
	Tag 1	Tag 2	Tag 3	Tag 4	Tag 5	Tag 6

1 Mathematische Begriffe: **Quadratische Funktionsgleichung; Scheitelform; Parabel; Quadratische Gleichung**

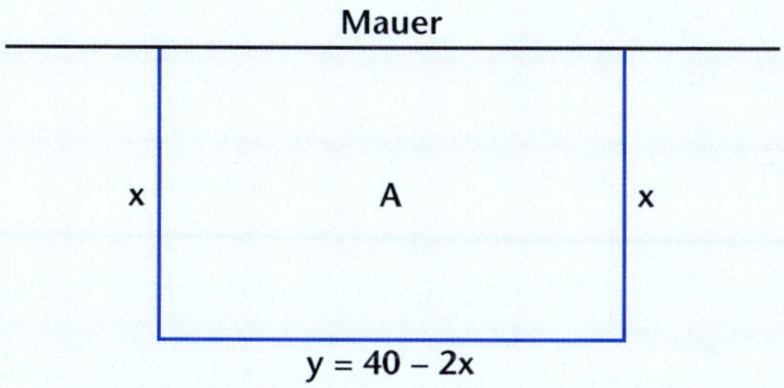

Lösung: a) Der Flächeninhalt kann höchstens 200 m^2 groß werden.
b) Die Breite x kann 25 m und die Länge y kann 10 m sein;
oder die Breite x ist 5 m und die Länge y ist 50 m.

Erklärung/Rechenweg:

a) Die Breite des Reckteckes A soll x und die Länge y sein.

Es gilt: $x + x + y = 40 \quad \Leftrightarrow \quad 2x + y = 40 \quad \Leftrightarrow \quad y = 40 - 2x$

Die Größe der Fläche des Rechtecks A hängt von der Länge ab, die für x gewählt wird; x muss zwischen 0 und 20 gewählt werden.

Allgemein ist $A = x \cdot y \quad \Leftrightarrow \quad A = x \cdot (40 - 2x) \quad \Leftrightarrow \quad A = 40x - 2x^2 \quad \Leftrightarrow \quad A = -2x^2 + 40x$

Es handelt sich um eine quadratische Funktionsgleichung, deren Bild im Koordinatensystem eine Parabel ergibt, die nach unten geöffnet ist (erkennbar an der -2 vor dem x^2-Term).

An der Stelle x, an der die Parabel ihren Scheitelpunkt hat, findet man den größten Wert für A und damit den größten Flächeninhalt.

Es muss der Scheitel bestimmt werden; dazu wird die quadratische Funktionsgleichung in die Scheitelform gebracht:

$A = -2x^2 + 40x \quad \Leftrightarrow \quad A = -2(x^2 - 20x) \quad \Leftrightarrow \quad A = -2(x^2 - 20x + 100 - 100)$

$\Leftrightarrow \quad A = -2[(x - 10)^2 - 100] \quad \Leftrightarrow \quad A = -2 \cdot (x - 10)^2 + 200$

Aus der Scheitelform lassen sich die Koordinaten des Scheitels ablesen: S(10/200).

Wählt man für die Breite x den Wert 10 m, ergibt sich für den Flächeninhalt A der größte Wert, nämlich 200 m^2; hier in der Tabelle sind weitere Werte aufgeführt:

Breite x (m)	0	5	8	10	12	15	20
Fläche A (m^2)	0	150	192	200	192	150	0

b) Hier geht es um eine ähnliche Frage wie in Aufgabe a).

Es muss jetzt für einen konkreten Flächeninhalt, nämlich A = 250 m^2, beantwortet werden, wie ein Zaun von 60 m Länge auf die drei Seiten verteilt werden kann. Dazu ist wieder eine Gleichung – wie in Teil a) – aufzustellen.

$A = x \cdot y \quad \Leftrightarrow \quad A = x \cdot (60 - 2x) \quad \Leftrightarrow \quad A = -2x^2 + 60x$

Jetzt muss für A der Wert 250 eingesetzt werden, um für x einen passenden Wert bestimmen zu können:

$250 = -2x^2 + 60x \quad \Leftrightarrow \quad 2x^2 - 60x + 250 = 0$

$\Leftrightarrow \quad x^2 - 30x + 125 = 0 \quad \Leftrightarrow \quad x_1 = 15 + \sqrt{15^2 - 125} = 15 + 10 = 25$

$x_2 = 15 - \sqrt{15^2 - 125} = 15 - 10 = 5$

1

Zum Geburtstag wünscht sich Klaus eine große quadratische Decke mit 400 kleinen Stoffquadraten von seiner Schwester Judith, die gerade in der Schule das Nähen erlernt hat.
Die Kuscheldecke soll eine Länge von 2 m haben und aussehen wie ein Schachfeld.
Welche Länge muss ein kleines Stoffquadrat haben?

2

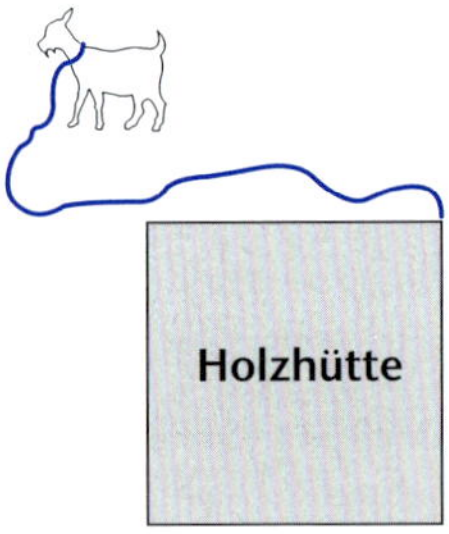

Auf der großen Wiese des Bauers Hartmann steht eine Holzhütte mit einer quadratischen Grundfläche.
Die Seitenlänge beträgt 3 m.
Der Bauer hat die Ziege Emma mit einer 6 m langen Leine an die eine Ecke der Holzhütte gebunden. Wie groß ist die Fläche, die Emma dort höchstens abgrasen kann? (Die Größe von Emma soll keine Rolle spielen!)

1

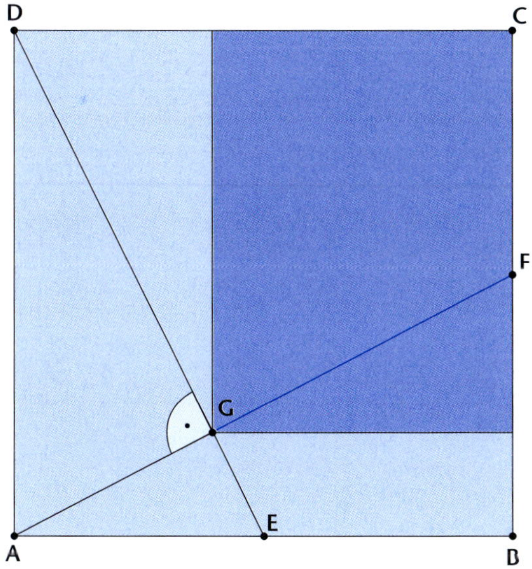

Die Punkte A, B, C und D bilden ein Quadrat.
Die Seitenlänge des Quadrates soll 40 cm betragen.
E und F sind die Mittelpunkte der beiden Quadratseiten.
Von G aus wurden senkrechte Strecken zu zwei der Quadratseiten gezeichnet.
Es entsteht das dunkelblaue Rechteck.
Welchen prozentualen Flächenanteil an der Quadratfläche besitzt das Rechteck?

1 Mathematische Begriffe: **Flächeninhalt**
Division

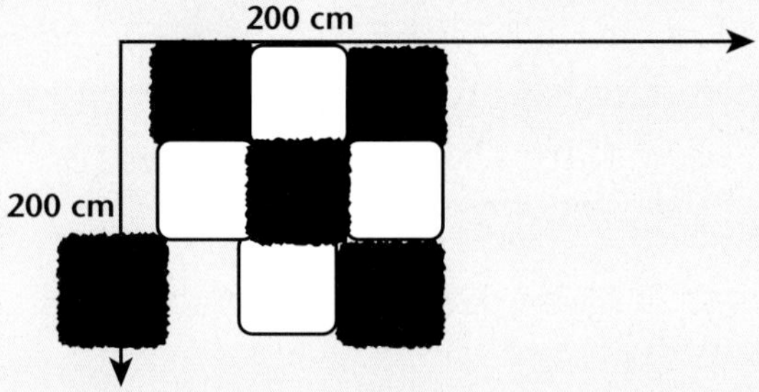

Lösung: *Jedes kleine Stoffquadrat muss 10 cm lang sein.*

Erklärung/Rechenweg:
Die quadratische Decke muss in viele kleine Quadrate unterteilt werden. Dazu ist es notwendig, die Flächengröße der Decke zu berechnen: $200\ cm \cdot 200\ cm = 40\,000\ cm^2$.
Wenn alle 400 kleinen Quadrate, aus denen die Decke zusammengenäht werden soll, gleich groß sind, bleibt die Frage, welchen Anteil der Gesamtfläche jedes kleine Quadrat einnimmt;
$40\,000\ cm^2 : 400 = 100\ cm^2$.
Wenn ein kleines Quadrat also $100\ cm^2$ groß ist, dann muss solch ein Quadrat genau 10 cm lang sein, denn $\sqrt{100} = 10$.

2 Mathematische Begriffe: **Kreisberechnung**
Kreissektor

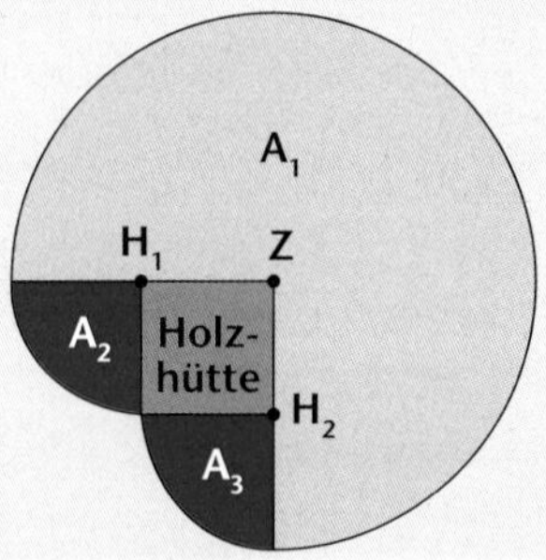

Lösung: *Emma kann höchstens $98{,}96\ m^2$ abgrasen.*

Erklärung/Rechenweg:
Um herauszufinden, wie groß die Fläche zum Abgrasen für die Ziege sein kann, ist es ratsam, die Fläche zu zeichnen.
Die Ziege kann zunächst mit ihrer 6 m langen Leine jeden Punkt der gesamten (hellblauen) Teilfläche A_1 erreichen; es handelt sich um einen Dreiviertelkreis mit dem Radius $r_1 = 6\ m$.

Da die Holzhütte im Wege ist, bleiben am Punkt H_1 lediglich noch drei Meter der Leine als Aktionsradius, beim Punkt H_2 der Hütte an der anderen Seite ist es ebenso; in beiden Fällen bleibt der Ziege Emma je ein Viertelkreis mit den Radien $r_2 = r_3 = 3\ m$.
Um die Gesamtfläche A zu erhalten, müssen der Dreiviertelkreis A_1 und zwei gleich große Viertelkreise A_2 und A_3 berechnet werden:

$$A_1 = \frac{3}{4} \cdot \pi \cdot r^2 = 0{,}75 \cdot \pi \cdot 6^2 \approx 84{,}823$$

$$A_2 = A_3 = \frac{1}{4} \cdot \pi \cdot r^2 = 0{,}25 \cdot \pi \cdot 3^2 \approx 7{,}069$$

$$A = A_1 + 2 \cdot A_2 \approx 84{,}823 + 14{,}137 \approx 98{,}96$$

1 Mathematische Begriffe: **Höhensatz; Kathetensätze; Satz des Pythagoras**

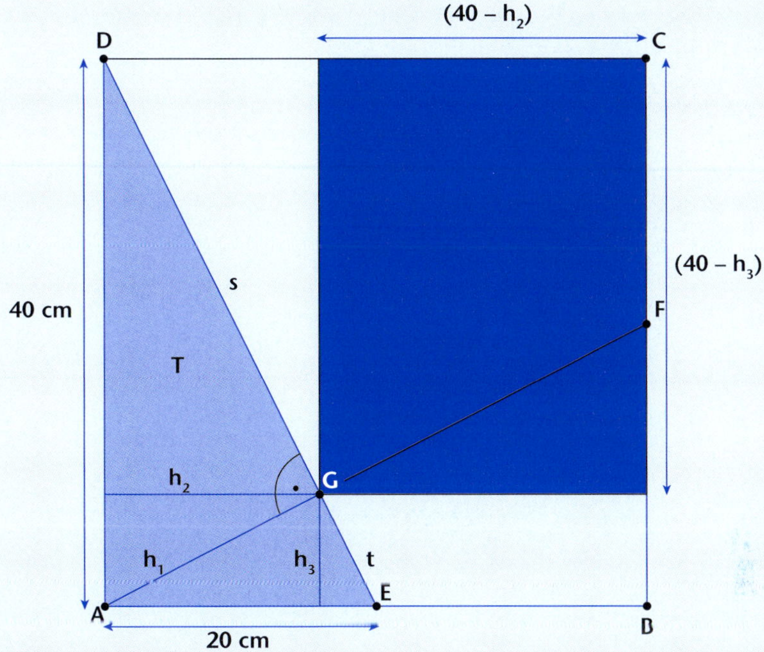

Lösung: Der Flächenanteil des dunkelblauen Rechtecks an der Quadratfläche beträgt 48 %.

Erklärung/Rechenweg:

Zunächst wird die Diagonale d von D nach E berechnet und danach die beiden Hypotenusenabschnitte s und t von d; anschließend können die drei Höhen h_1, h_2 und h_3 berechnet werden.

1. Die Diagonale d von D nach E lässt sich mit dem Satz des Pythagoras berechnen:
   $d^2 = 40^2 + 20^2 \Leftrightarrow d^2 = 2000 \Leftrightarrow d = \sqrt{2000} \Leftrightarrow d \approx 44{,}721$
2. Berechnung von t mit dem Kathetensatz:
   $20^2 = d \cdot t \Leftrightarrow 20^2 \approx 44{,}721 \cdot t \Leftrightarrow t \approx 8{,}944$
3. Berechnung von s: $s = d - t \Leftrightarrow s \approx 44{,}721 - 8{,}944 \approx 35{,}777$
4. Berechnung h_1 mit dem Höhensatz:
   $h_1^2 = s \cdot t \Leftrightarrow h_1^2 \approx 35{,}78 \cdot 8{,}94 \approx 320 \Leftrightarrow h_1 \approx 17{,}889$
5. Berechnung von h_2: In dem Dreieck AGD gilt für die Fläche $T = \frac{40 \cdot h_2}{2} = \frac{s \cdot h_1}{2} \Leftrightarrow$
   $40 \cdot h_2 = s \cdot h_1 \Leftrightarrow h_2 \approx \frac{35{,}777 \cdot 17{,}889}{40} \approx 16$
6. Berechnung von h_3: $20 \cdot h_3 = t \cdot h_1 \Leftrightarrow h_3 \approx \frac{8{,}944 \cdot 17{,}889}{20} \approx 8$
   Jetzt kann man die Fläche A des dunkelblauen Rechtecks berechnen:
   $A = (40 - h_2) \cdot (40 - h_3) = 24 \cdot 32 = 768$
   Der prozentuale Anteil der dunkelblauen Fläche an der Gesamtfläche ist $\frac{768}{1600} = 48\,\%$.

Eine weitere Lösung, um h_2 und h_3 zu berechnen, gelingt mit dem Strahlensatz:

In dem Dreieck ADE gilt: $\frac{h_2}{20} = \frac{s}{d} \Leftrightarrow h_2 = \frac{s \cdot 20}{d} \Leftrightarrow h_2 = 16$

Jetzt kann man mit dem Satz des Pythagoras h_3 berechnen: $h_3^2 = h_1^2 - h_2^2$

1

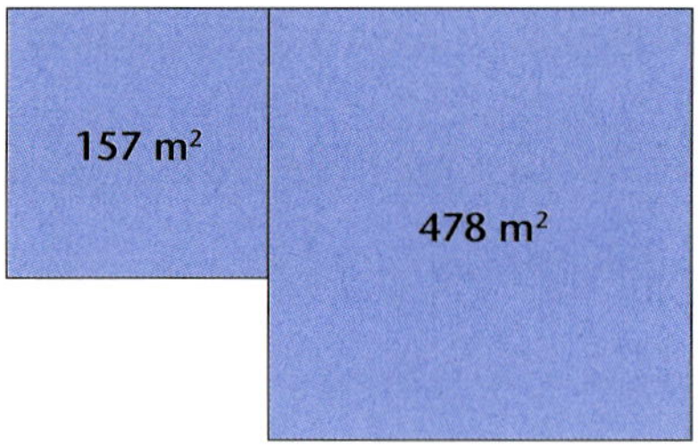

Bauer Hamann möchte sein Grundstück, das aus zwei aneinanderliegenden Quadraten besteht, mit einem einzigen Zaun umspannen.

Wie lang wird der Zaun?

2

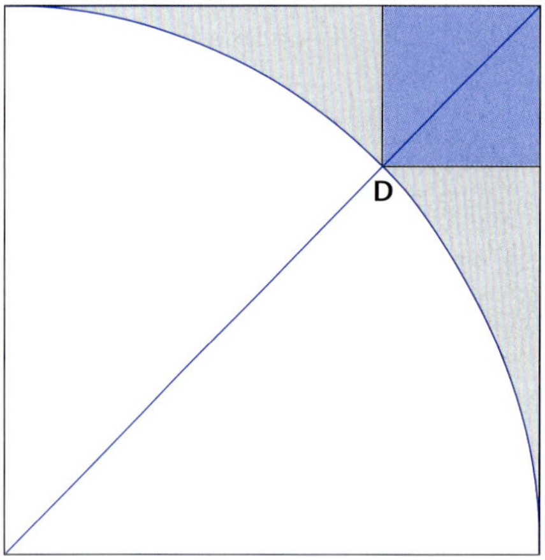

In dieses Quadrat mit der Seitenlänge von 10 cm wurde ein Viertelkreis eingezeichnet; er schneidet die Diagonale in dem Punkt D. Es entsteht das blaue Quadrat.

Bestimme den Flächeninhalt dieses Quadrates.

1

In das Koordinatensystem wurde Quadrat an Quadrat gezeichnet – wie in der Abbildung dargestellt.
Die Mittelpunkte der einzelnen Quadrate wurden ebenfalls eingezeichnet.

Alle diese Mittelpunkte liegen auf einer Geraden.

Wie heißt die Gleichung dieser Geraden?

Wie heißen die Koordinaten des Mittelpunktes des Quadrates mit der Nummer 25?

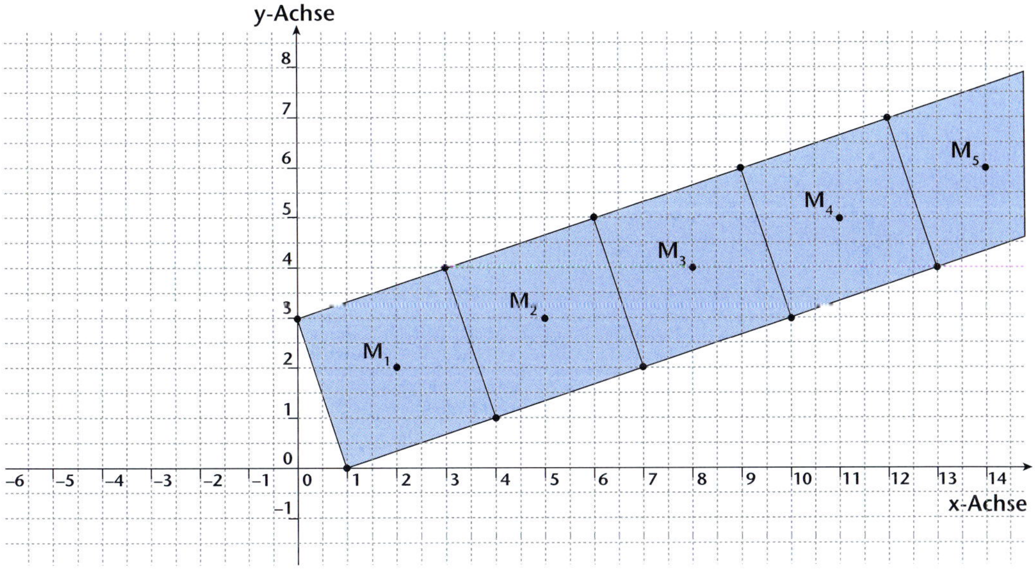

1 Mathematischer Begriff: **Gleichungen**

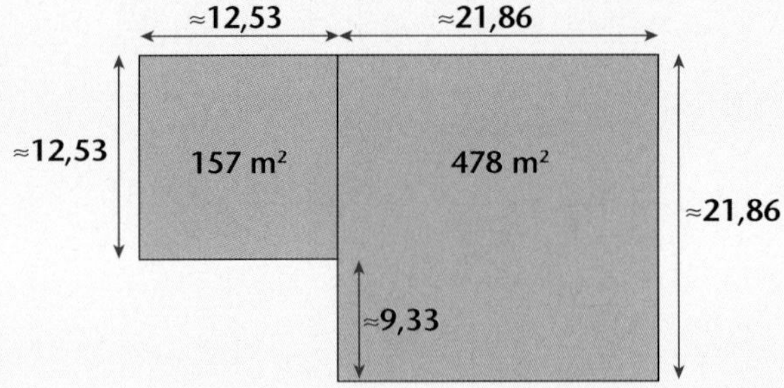

Lösung: Der Zaun hat ungefähr die Länge 112,5 m.

Erklärung/Rechenweg:
Um die Seitenlängen der einzelnen quadratischen Grundstücke zu erhalten, muss $\sqrt{A}$ bestimmt werden:

$\sqrt{157 m^2} \approx 12{,}53$ m

$\sqrt{478 m^2} \approx 21{,}86$ m

Der Zaun hat die Gesamtlänge l:

$l \approx 3 \cdot 12{,}53$ m $+ 3 \cdot 21{,}86$ m $+ 1 \cdot 9{,}33 \approx 112{,}5$ m

2 Mathematische Begriffe: **Kreisberechnung** **Satz des Pythagoras**

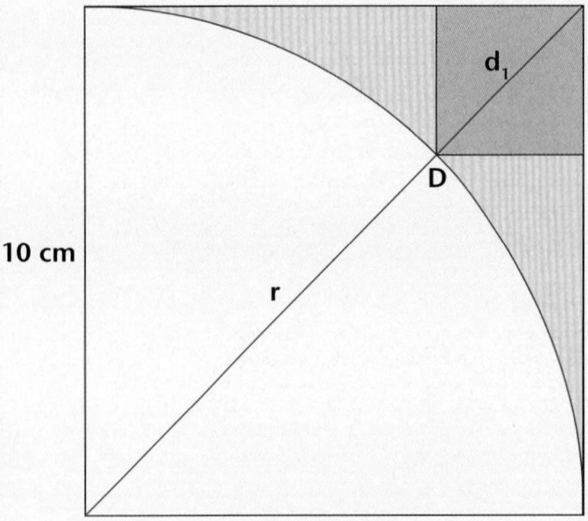

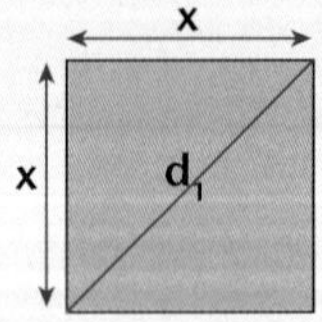

Lösung: Für das kleine blaue Quadrat ist $A \approx 8{,}57$ cm².

Erklärung/Rechenweg:
Die Diagonale des Quadrates lässt sich mithilfe des Satzes des Pythagoras berechnen:

$d^2 = 10^2 + 10^2$

$d^2 = 100 + 100 = 200$

$d = \sqrt{200} \approx 14{,}14$

Der Radius r des Kreises ist so groß wie die Seitenlänge des Quadrates, nämlich 10 cm.
Die Diagonale d_1 des kleinen blauen Quadrates ist also $d_1 \approx 14{,}14 - 10 \approx 4{,}14$.
Jetzt kann man die Seite x des kleinen blauen Quadrates auch mithilfe des Satzes von Pythagoras berechnen:

$x^2 + x^2 = d_1^2 \quad x^2 + x^2 \approx 4{,}14^2$

$2x^2 \approx 4{,}14^2$

$2x^2 \approx 17{,}14$

$x^2 \approx 8{,}57 \quad x \approx 2{,}93$

Da der Flächeninhalt A des kleinen blauen Quadrates $A = x^2$ lautet, hat man die Lösung $A \approx 8{,}57$ cm².

1 Mathematische Begriffe: **Lineare Funktion**
Steigung

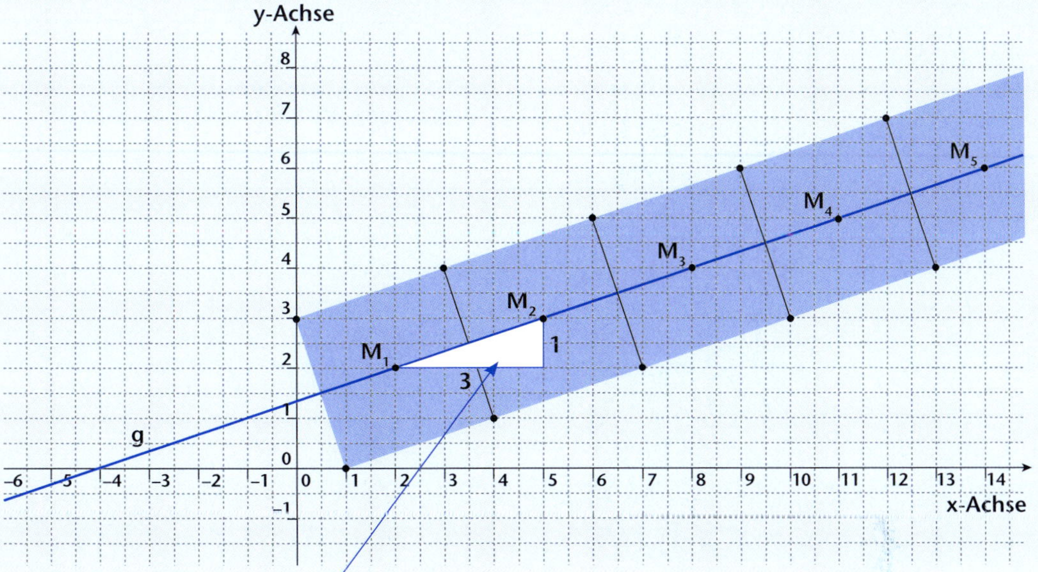

Lösung: Die Gleichung der Geraden, auf der alle Mittelpunkte liegen, lautet $y = \frac{1}{3} \cdot x + 1\frac{1}{3}$.

Der Mittelpunkt des Quadrates mit der Nummer 25 ist $M_{25}(84/26)$.

Erklärung/Rechenweg:

Alle Mittelpunkte der Quadrate liegen auf einer Geraden g. Die Steigung der Geraden g lässt sich mithilfe eines Steigungsdreiecks berechnen: $m = \frac{1}{3}$. Die Gleichung der Geraden lautet $y = \frac{1}{3} \cdot x + b$; setzt man die Koordinaten von $M_1(2/2)$ in die Gleichung ein, erhält man den Wert für b: $2 = \frac{1}{3} \cdot 2 + b \quad \Leftrightarrow \quad 6 = 2 + 3b \quad \Leftrightarrow \quad b = \frac{4}{3} = 1\frac{1}{3}$.

Damit ist die Gleichung für g: $y = \frac{1}{3} \cdot x + 1\frac{1}{3}$ oder $y = 0{,}\overline{3} \cdot x + 1{,}\overline{3}$.

Die Koordinaten (x/y) der Mittelpunkte M_1, M_2, M_3 ... sind in der Tabelle notiert:

	M_1	M_2	M_3	M_4	M_5	M_6	...	M_{25}
x	2	5	8	11	14	17	...	$24 \cdot 3 + 2 = 84$
y	2	3	4	5	6	7	...	$24 \cdot 1 + 2 = 26$

Deutlich ist zu erkennen, dass die x-Koordinate jeweils um 3 und die y-Koordinate jeweils um 1 zunimmt; hier wird einmal mehr die Bedeutung der Steigung sichtbar.

1

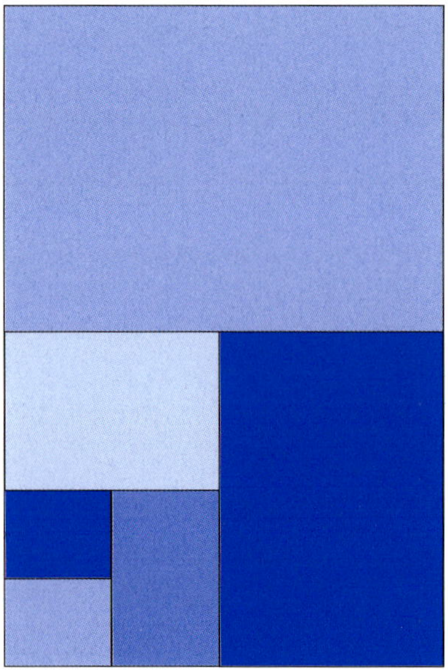

Schreibpapier gibt es in genormter Größe. Du kennst sicher Bezeichnungen wie DIN A4 für die großen Hefte.
Die verschiedenen DIN-Größen sind zueinander ähnliche Rechtecke.

Das größte (DIN A0) ist 1 m^2 groß.
Faltet man ein DIN-Blatt quer, so dass die längere Seite halbiert wird, erhält man die nächstkleinere Größe; aus DIN A0 wird DIN A1, aus DIN A1 wird DIN A2 usw.

Bestimme die Seitenlängen und Flächeninhalte aller DIN A-Formate von A0 bis A6.

1

Das große Quadrat mit der Seitenlänge **(a + b)** wurde durch seitenparallele Linien in verschiedene Flächen (A, B, C, D, E, F und G) unterteilt.

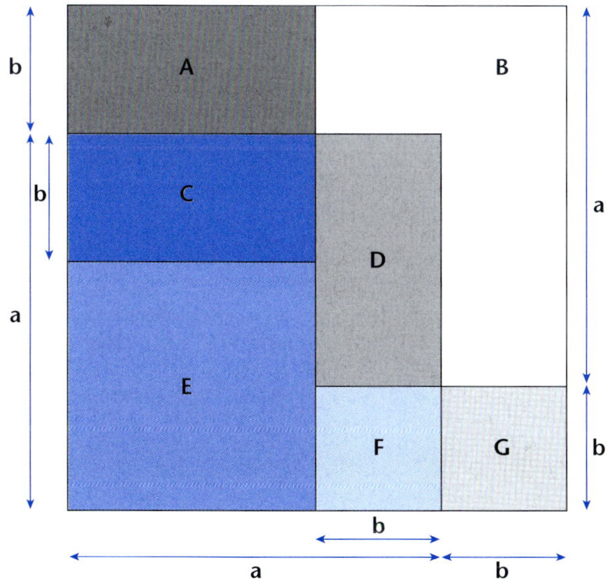

Bestimme die folgenden Flächen mithilfe der Teilflächen.

Beispiel: $\mathbf{a^2} = C + D + E + F$

1. $\mathbf{b^2}$
2. $\mathbf{(a - b) \cdot (a + b)}$
3. $\mathbf{a \cdot b}$
4. $\mathbf{a^2 - b^2}$

Bestimme die Größe der Teilflächen mithilfe von a und b.

Beispiel: $\mathbf{G = b^2}$

5. D
6. A
7. B

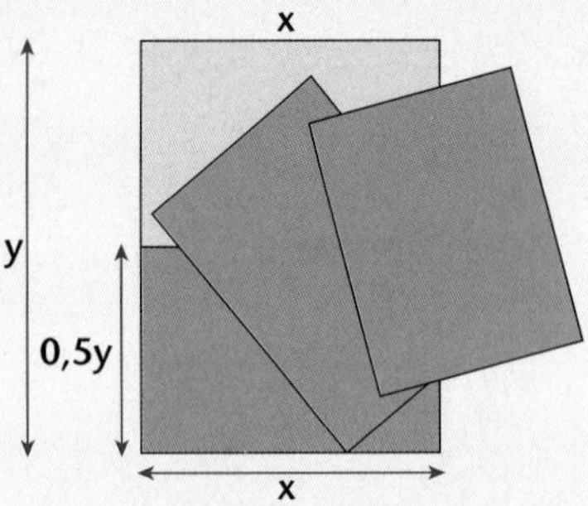

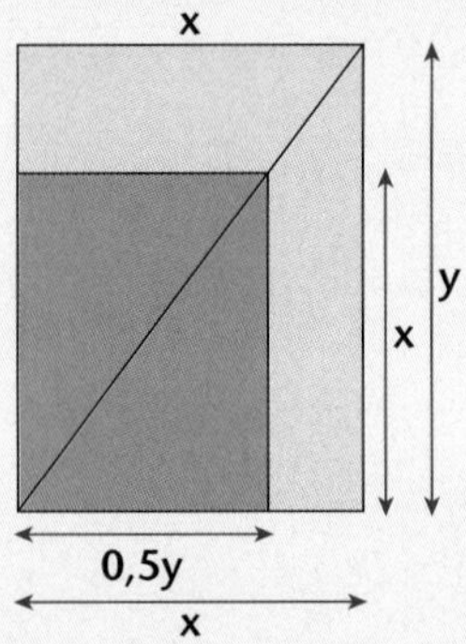

Lösung: Ein DIN-A0-Blatt hat die Seitenlängen $x \approx 0{,}84$ und $y \approx 1{,}19$.
Die anderen (ungefähren) Längen sind der Tabelle zu entnehmen.

Erklärung/Rechenweg:

Um herauszufinden, wie lang die Seiten x und y eines DIN-A0-Blattes sind, ist es notwendig, zwei Gleichungen zu finden, da wir es hier mit 2 unbekannten Variablen zu tun haben.

1. Man kann die ähnlichen Figuren (s. o.) nutzen! Durch die Strahlensätze weiß man, dass die folgenden Verhältnisse gleich sind; somit hat man eine erste Gleichung gefunden:

I. $\frac{y}{x} = \frac{x}{0{,}5y} \Leftrightarrow y \cdot 0{,}5y = x \cdot x \Leftrightarrow 0{,}5y^2 = x^2 \Leftrightarrow y^2 = 2 \cdot x^2$

$\Leftrightarrow y = \sqrt{2 \cdot x^2} \Leftrightarrow y = x \cdot \sqrt{2} \Leftrightarrow y \approx 1{,}414x$

2. Die zweite Gleichung ergibt sich aus der Angabe der Aufgabenstellung über den Flächeninhalt eines DIN-A0-Blattes.

II. $x \cdot y = 1 \Leftrightarrow y = \frac{1}{x}$

Nach dem Gleichsetzungsverfahren gilt:

I. $y = \sqrt{2 \cdot x^2}$ und II. $y = \frac{1}{x}$

$\sqrt{2 \cdot x^2} = \frac{1}{x}$ | Quadrieren

$2 \cdot x^2 = \frac{1}{x^2} \Leftrightarrow 2 \cdot x^4 = 1 \Leftrightarrow x^4 = 0{,}5 \Leftrightarrow x \approx 0{,}841$

Setzt man $x \approx 0{,}84$ in eine der beiden Gleichungen I. oder II. ein, hier z. B. in I., dann gilt
$y \approx 1{,}414 \cdot 0{,}841 \approx 1{,}189$

Die Gleichung $y = x \cdot \sqrt{2}$ zeigt die Beziehung zwischen der Breite x und der Länge y eines DIN-Blattes: Die Breite x muss lediglich mit dem Faktor $\sqrt{2} \approx 1{,}414$ multipliziert werden, um die Länge zu erhalten; oder umgekehrt muss die Länge durch den Faktor 1,414 dividiert werden, um die Breite zu erhalten.

Um von A0 auf die Größe von A1 zu kommen, geht man folgendermaßen vor:

Die Breite von A0 ist die Länge von A1. Diesen Längenwert muss man durch 1,414 teilen, um die Breite von A1 zu erhalten. Von A1 nach A2, von A2 nach A3, … verfährt man ebenso und gelangt zu den Tabellenwerten:

	A0	A1	A2	A3	A4	A5	A6
Breite x	0,841	0,595	0,421	0,298	0,211	0,149	0,105
Länge y	1,189	0,841	0,595	0,421	0,298	0,211	0,149

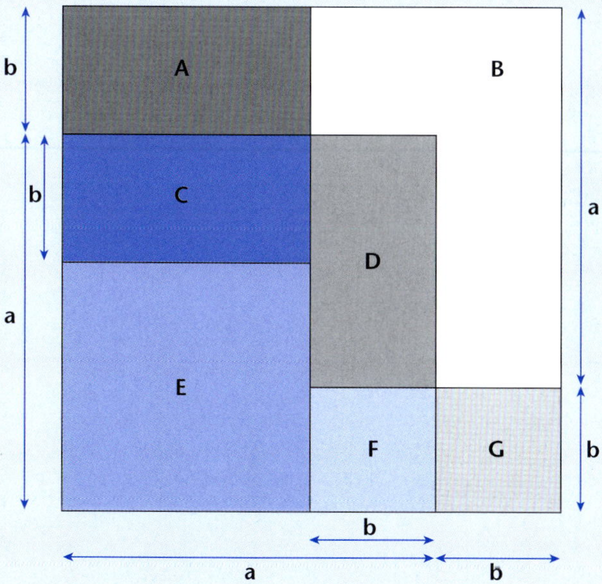

Lösung: Es gibt verschiedene Möglichkeiten, die Flächen durch Teilflächen zu bestimmen.

Erklärung/Rechenweg:

1. $b^2 = G$ oder $b^2 = F$
2. $(a - b) \cdot (a + b) = A + C + E$
3. $a \cdot b = D + F$
4. $a^2 - b^2 = C + D + E$ oder $a^2 - b^2 = C + D + E + F - G$

5. $D = b \cdot (a - b)$
6. $A = (a - b) \cdot b$
7. $B = 2b \cdot a - b \cdot (a - b) = 2ab - ab + b^2 = ab + b^2$

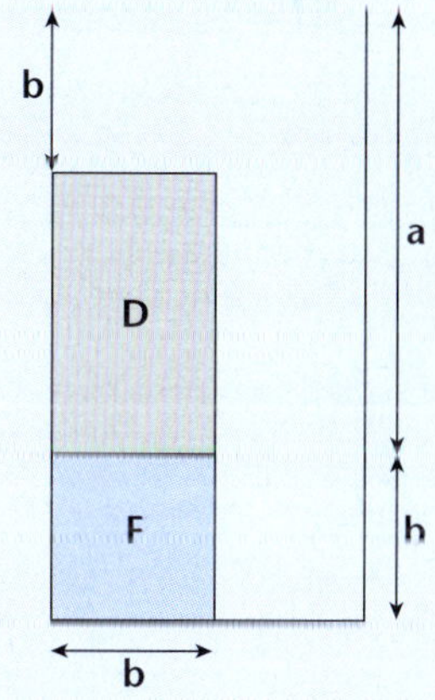

Es ist ratsam, die Teilflächen zu zeichnen und die Werte für Seitenlängen bzw. Flächenterme zu bestimmen.

Beispiel Nr. 5: D ist ein Rechteck mit der Breite b und der Länge $(a - b)$.

1

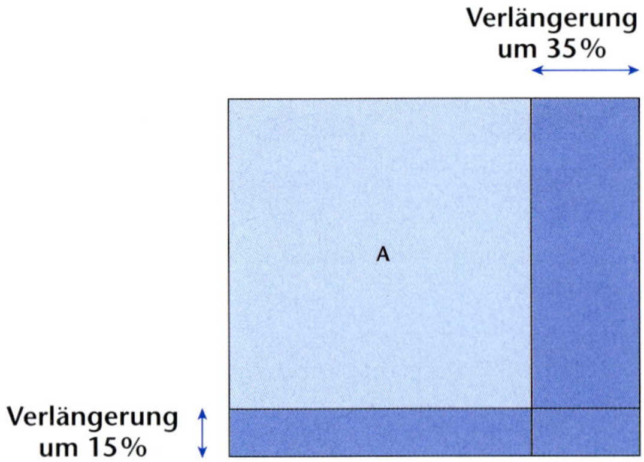

Das Quadrat A mit der Seitenlänge von 10 cm wurde wie in dem Bild zu einem Rechteck vergrößert.
Um wie viel % hat sich der Flächeninhalt gegenüber dem ursprünglichen Wert verändert?

2

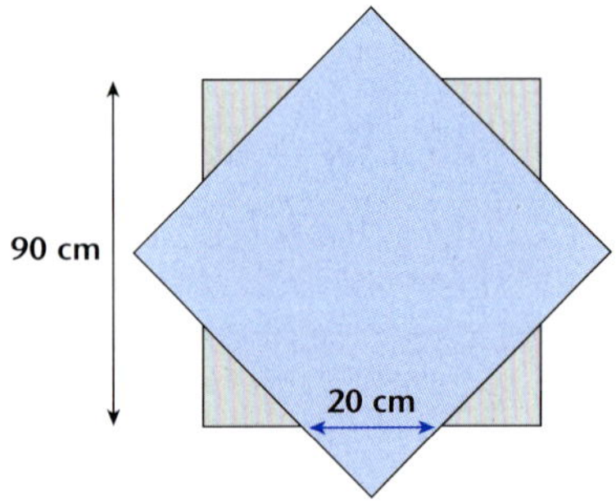

Welche Seitenlänge hat die blaue quadratische Tischdecke, die wie auf dem Bild dargestellt auf einen quadratischen Tisch mit der Seitenlänge von 90 cm gelegt wird?

1

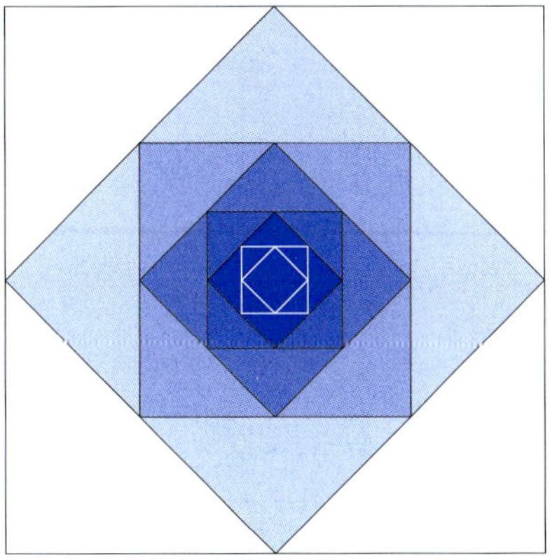

In der Zeichnung entsteht jedes neue Quadrat dadurch, dass die Seitenmitten des Ausgangsquadrates miteinander verbunden werden.

Die Seitenlänge des größten Quadrates beträgt 1 m.

Welchen Flächeninhalt hat das so entstandene 12. Quadrat?

2

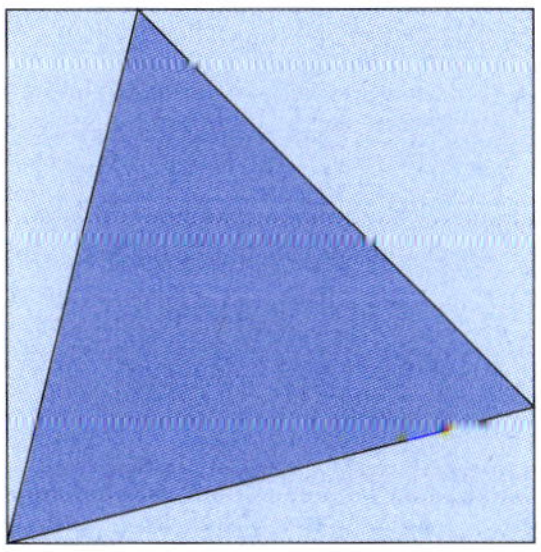

Das Quadrat hat die Seitenlänge 10 cm.
Es wurde ein **gleichseitiges** Dreieck eingezeichnet mit einer Ecke in einer der Quadratecken und mit den zwei anderen Ecken auf den gegenüberliegenden Quadratseiten.

Welche Seitenlänge hat das Dreieck?
Welchen Flächeninhalt hat es?

❶ Mathematische Begriffe: **Prozentwert; Prozentsatz**

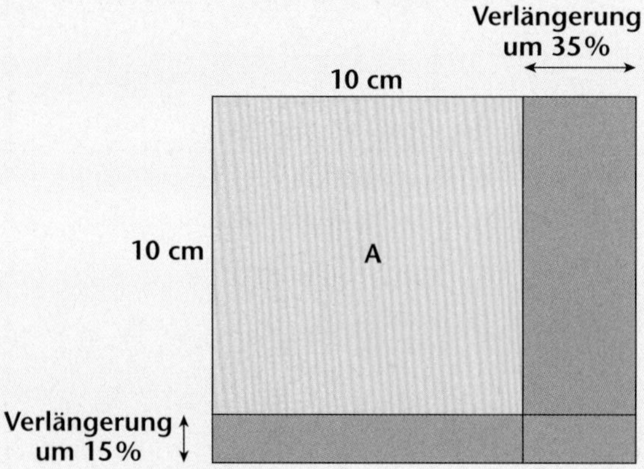

Lösung: Der ursprüngliche Wert vergrößert sich um 55,25 %.

Erklärung/Rechenweg:

Wenn die eine Quadratseite um 35 % vergrößert wird, dann ist sie 13,5 cm lang, denn 35 % von 10 cm = 3,5 cm.
Entsprechend gilt bei Verlängerung der anderen Seite um 15 %, dass die Seite 11,5 cm lang wird; denn 15 % von 10 cm = 11,5 cm.
Die neue Rechteckfläche ist
$A_R = 13{,}5\text{ cm} \cdot 11{,}5\text{ cm} = 155{,}25\text{ cm}^2$ groß.
Das Quadrat hat den Flächeninhalt
$A = 10\text{ cm} \cdot 10\text{ cm} = 100\text{ cm}^2$.

Gefragt wird nach der Veränderung der ursprünglichen Quadratfläche.
Der Wert ist von 100 cm^2 auf $155{,}25\text{ cm}^2$ gestiegen, also um $55{,}25\text{ cm}^2$.

Der Prozentsatz errechnet sich wie folgt: $\frac{55{,}25\text{ cm}^2}{100\text{ cm}^2} = 0{,}5525 = 55{,}25\,\%$

❷ Mathematische Begriffe: **Höhensatz** **Satz des Pythagoras**

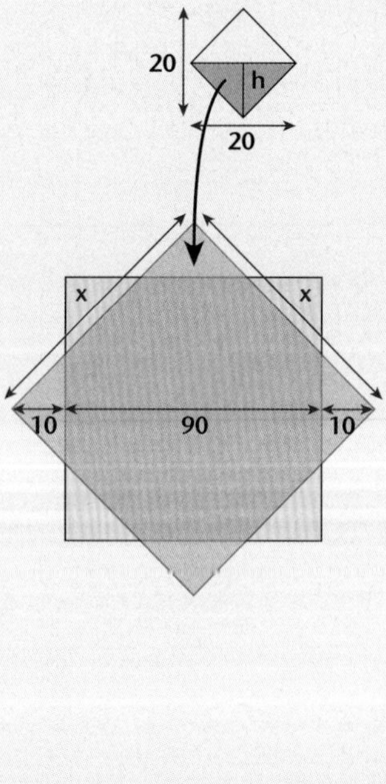

Lösung: 1. Die blaue Tischdecke hat eine ungefähre Seitenlänge von 77,78 cm.

Erklärung/Rechenweg:

Da es sich bei der überstehenden Ecke um ein gleichschenklig-rechtwinkliges Dreieck handelt, muss die Höhe h die halbe Länge der Grundseite besitzen, nämlich 10 cm.
Jetzt kann man mithilfe des Satzes von Pythagoras die Länge x der blauen Tischdecke berechnen:

$x^2 + x^2 = (10 + 90 + 10)^2 = 110^2$

$\Leftrightarrow \quad 2x^2 = 12\,100 \quad \Leftrightarrow \quad x^2 = 6\,050$

$\Leftrightarrow \quad x \approx 77{,}78$

1 Mathematische Begriffe: **Exponentialfunktion** **Exponentielle Abnahme**

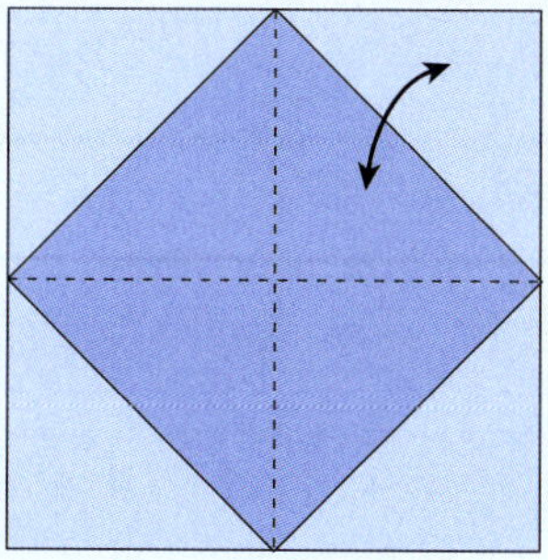

Lösung: Das 12. Quadrat hat den Flächeninhalt $A_{12} \approx 2{,}441\ cm^2$

Erklärung/Rechenweg:

Das Ausgangsquadrat hat den Flächeninhalt $A_1 = 1\ m^2$.
Der Flächeninhalt des nächsten Quadrates A_2 ist halb so groß wie der von A_1 (siehe Abb.).
Dieses Prinzip setzt sich in der Figur immer weiter fort …

$A_{12} = 1\ m^2 \cdot q^{12}$ und für q darf der Wert 0,5 eingesetzt werden.

$A_{12} = 1\ m^2 \cdot 0{,}5^{12} \approx 2{,}441 \cdot 10^{-4}\ m^2 \approx 2{,}441\ cm^2$.

2 Mathematische Begriffe: **Winkel; Sinus; Tangens; Satz des Pythagoras**

Lösung: Das Dreieck ist $s \approx 10{,}35$ cm lang.
Das Dreieck hat den Flächeninhalt $A \approx 46{,}268\ cm^2$.

Erklärung/Rechenweg:

Zunächst lassen sich alle Winkel in der Figur bestimmen:
In dem gleichseitigen Dreieck sind alle Winkel 60°.

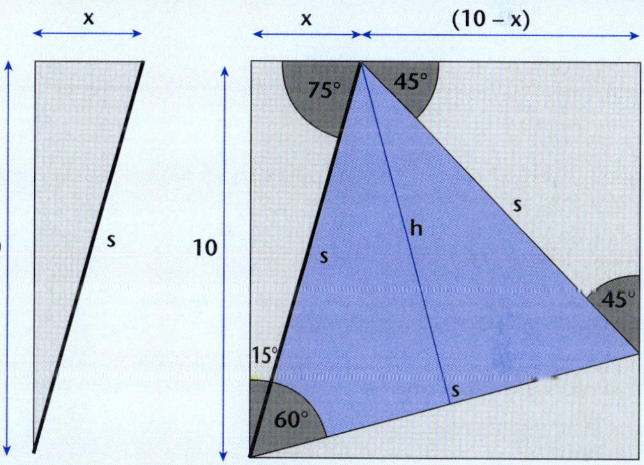

In dem rechtwinklig-gleichschenkligen Dreieck sind die beiden Winkel 45°.
Für die anderen Winkel bleiben die Werte 15° und 75°.
Jetzt lassen sich nacheinander die Werte für die Strecken x, s und h berechnen:

1. Berechnung von x:
$\tan 15° = \frac{x}{10} \iff x = 10 \cdot \tan 15°$
$x \approx 2{,}679$

2. Berechnung von s:
$s^2 = x^2 + 10^2 \iff s^2 \approx 2{,}679^2 + 10^2$
$s^2 \approx 107{,}177 \iff s \approx 10{,}35$

3. Berechnung von h:
$\sin 60° = \frac{h}{s} \iff h = s \cdot \sin 60°$
$h \approx 10{,}35 \cdot 0{,}866 \approx 8{,}96$

4. Berechnung des Flächeninhaltes:
$A_{Dreieck} = \frac{g \cdot h}{2} = \frac{s \cdot h}{2} \approx \frac{10{,}35 \cdot 8{,}96}{2}$
$A_{Dreieck} \approx 46{,}368$

1

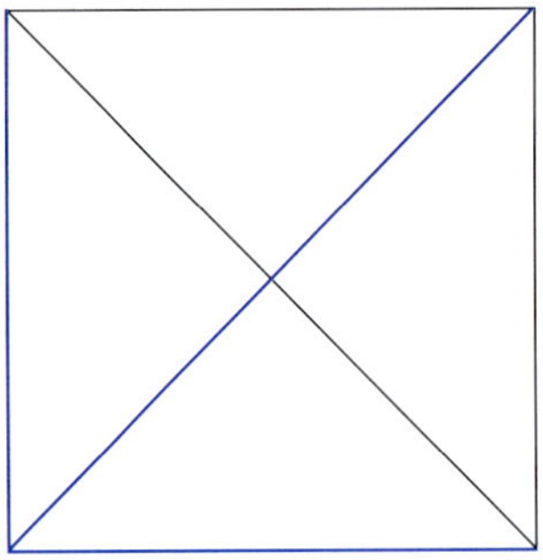

Ein Quadrat mit den beiden Diagonalen besteht aus 6 verschiedenen Strecken (4 Seiten und 2 Diagonalen). 3 der Strecken sind in der Zeichnung blau gefärbt.

Wie viele verschiedene Möglichkeiten gibt es, 3 der 6 Strecken blau zu färben?

Wie groß ist die Wahrscheinlichkeit dafür, dass die 3 blau gefärbten Strecken ein Dreieck ergeben?

2

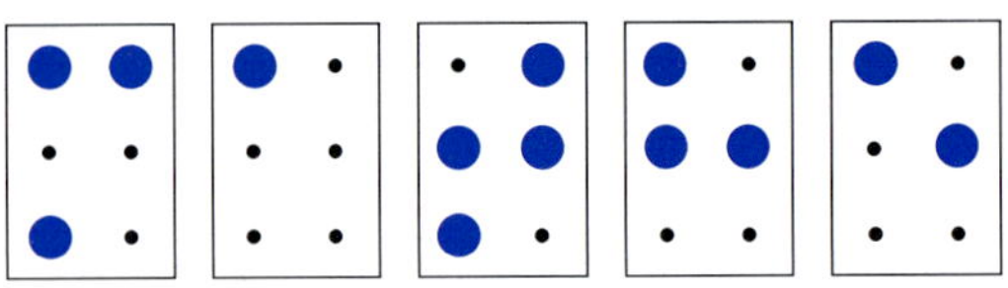

M A T H E

Der Blindenlehrer Louis Braille (1809–1852), selbst schon mit drei Jahren erblindet, entwickelte die noch heute gebräuchliche Blindenschrift.
Jeder Buchstabe besteht aus sechs Punkten. Die dicken blauen Punkte sind hervorgehoben und können somit ertastet werden.
Wie viele verschiedene Zeichen sind mit dieser Methode möglich?

1

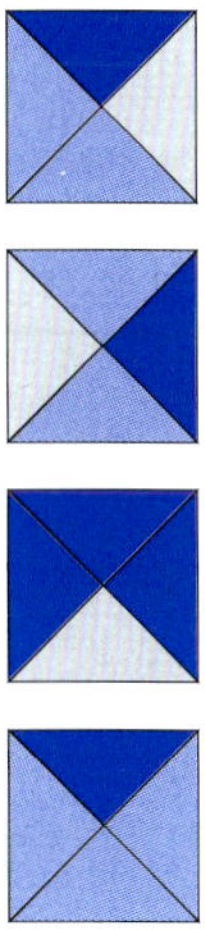

Dies sind sogenannte Quadrominosteine: gleich große quadratische Plättchen mit je vier gleichschenklig-rechtwinkligen Dreiecken. Für die Färbung der Dreiecke stehen **drei verschiedene** Farben zur Verfügung (grau, hellblau, dunkelblau).

Wie viele ***verschiedene*** dieser Quadrominosteine gibt es?

Hinweis: 2 Steine sind gleich, wenn man sie farblich passend aufeinander legen kann.

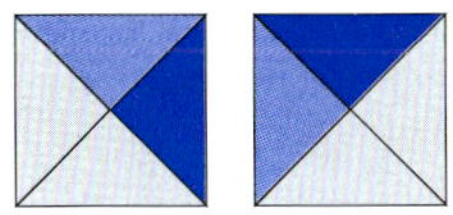

2

Aus 16 Streichhölzern wurden 5 gleich große Quadrate gelegt. Zwei Streichhölzer sollen so umgelegt werden, dass 4 gleich große Quadrate entstehen.

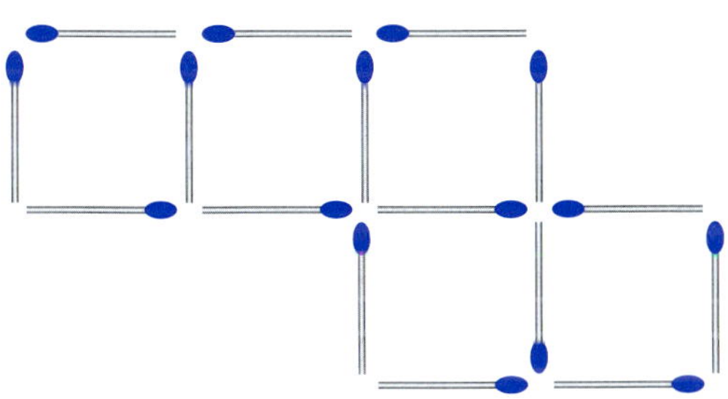

Aus 17 Streichhölzern wurden 6 gleich große Quadrate gelegt. 5 Streichhölzer sollen so entfernt werden, dass 3 gleich große Quadrate übrig bleiben.

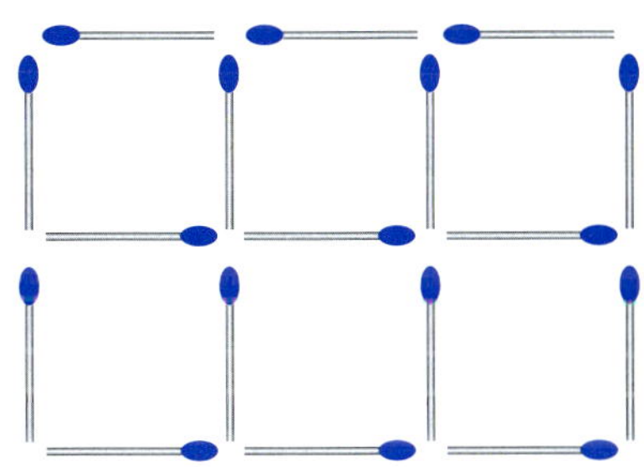

1 Mathematische Begriffe: **Wahrscheinlichkeit; Binomialkoeffizient; Kombinationen; Fakultät**

4 Möglichkeiten

4 Möglichkeiten

4 Möglichkeiten

4 Möglichkeiten

4 Möglichkeiten

Lösung: 1. Es gibt 20 verschiedene Möglichkeiten, 3 der 6 Strecken blau zu färben.

2. Die Wahrscheinlichkeit, dass die 3 blau gefärbten Strecken ein Dreieck ergeben, beträgt $\frac{4}{20} = 20\,\%$.

Erklärung/Rechenweg:

1. Man hat 6 verschiedene Strecken und muss 3 davon blau färben; gesucht wird die Zahl, die angibt, wie viele verschiedene Teilmengen mit 3 Elementen eine Menge mit 6 Elementen besitzt (ähnlich wie beim Lotto-Spiel 6 aus 49 heißt es hier: 3 aus 6).

$$\binom{n}{k} = \binom{6}{3} = \frac{6!}{3! \cdot (6-3)!} = \frac{6 \cdot 5 \cdot 4}{3 \cdot 2 \cdot 1} = 20$$

2. Die Wahrscheinlichkeit w ist eine Bruchzahl:

$$w = \frac{\text{Anzahl der günstigsten Ergebnisse}}{\text{Anzahl der möglichen Ergebnisse}} = \frac{4}{20} = 20\,\%.$$

Insgesamt gibt es 20 mögliche Ergebnisse, und 4 davon erfüllen die Bedingung, dass die drei blau gefärbten Strecken ein Dreieck ergeben.

2 Mathematischer Begriff: **Variationen**

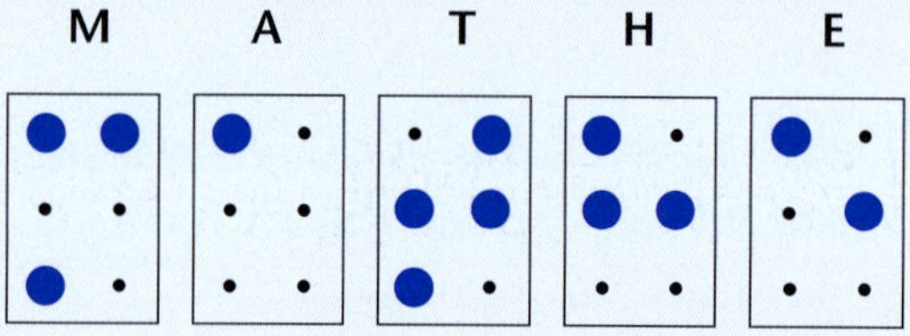

Lösung: Diese Methode lässt 64 verschiedene Zeichen zu.

Erklärung/Rechenweg:

Für jeden Punkt gibt es die zwei Möglichkeiten, „hervorgehoben“ oder „nicht hervorgehoben“ zu sein. Für ein Feld mit 6 Punkten hat man also

$2 \cdot 2 \cdot 2 \cdot 2 \cdot 2 \cdot 2 = 2^6 = 64$ unterschiedliche Variationen.

1 Mathematische Begriffe: **Kombinieren; Drehung; kongruent**

Lösung: Hier sind alle 24 verschiedenen Möglichkeiten abgebildet.

Erklärung/Rechenweg: Durch systematisches Ordnen gelingt die Auflistung.

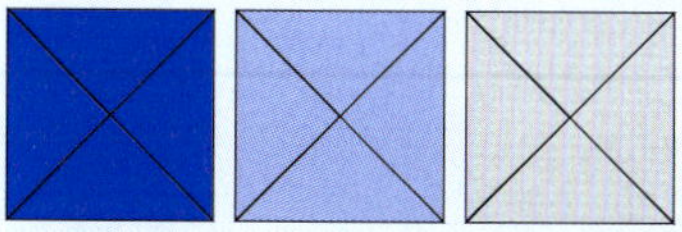

4 Felder gleich (3 Möglichkeiten)

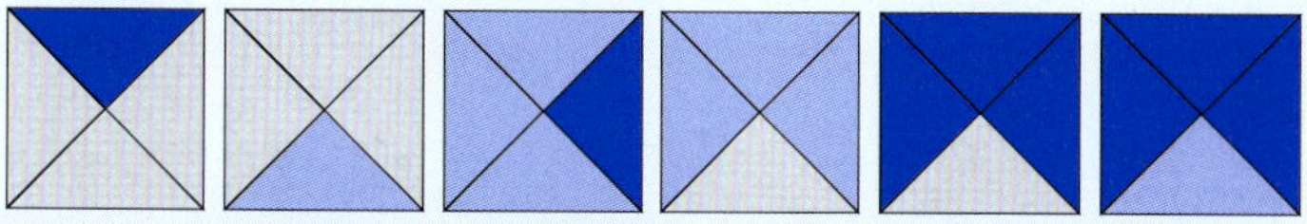

3 Felder gleich (6 Möglichkeiten)

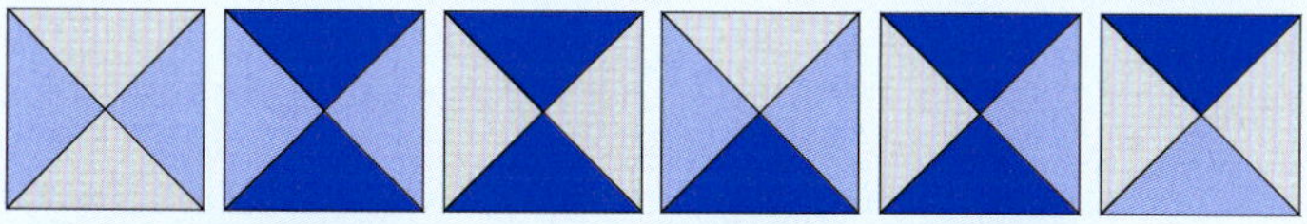

2 gegenüberliegende Felder gleich (6 Möglichkeiten)

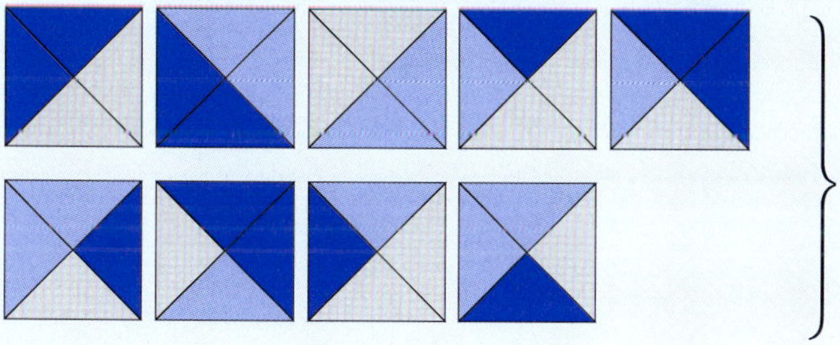

2 nebeneinanderliegende Felder gleich (9 Möglichkeiten)

2 Mathematische Begriffe: **Kombinieren kongruent**

Lösung: Die Abbildungen zeigen die Lösungen.

Erklärung/Rechenweg: Hier gilt: „Probieren geht über studieren"!

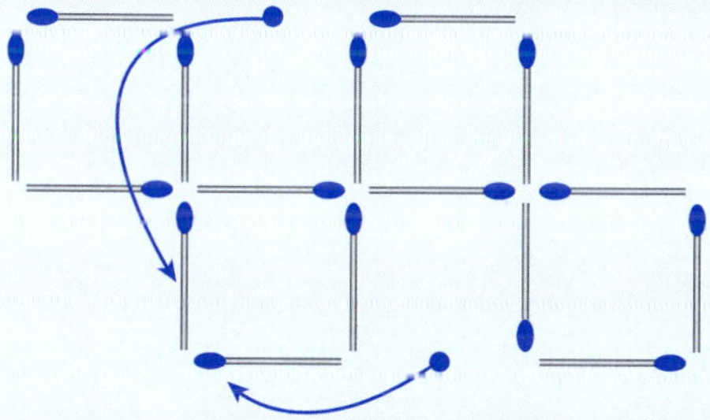

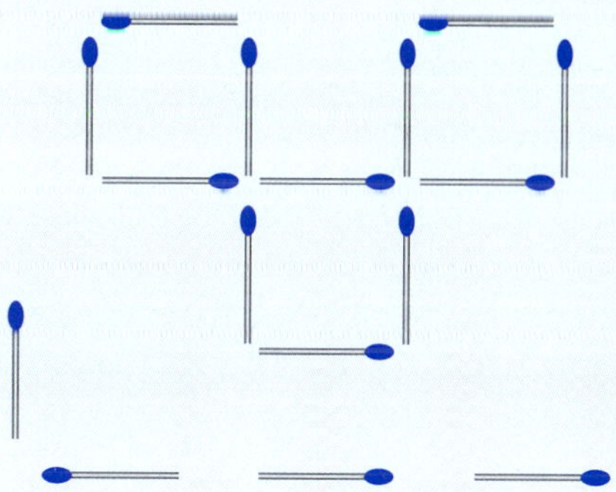

1

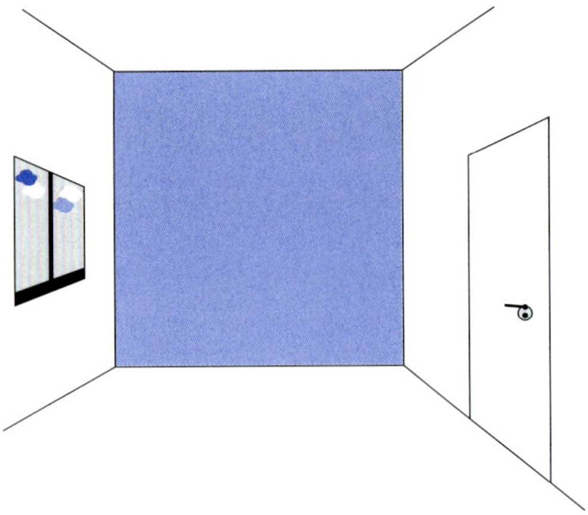

Der Malermeister streicht die quadratische Rückwand dieses Raumes in 4 Stunden. Sein Malergeselle benötigt dafür 6 Stunden.
Wie lange benötigen beide zusammen?

1

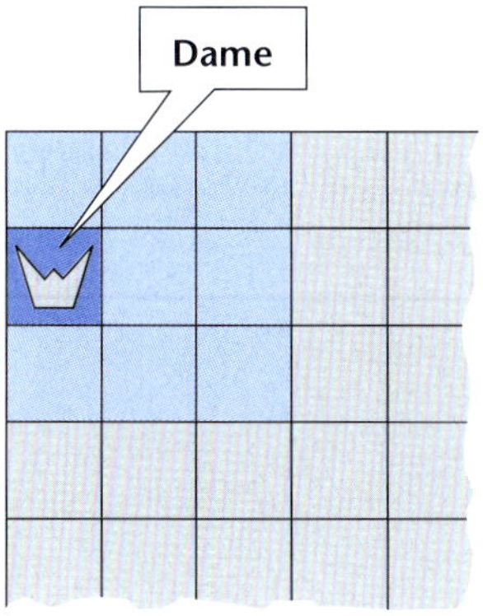

Hier siehst du einen kleinen Ausschnitt eines Schachbrettes.

Die Dame (Königin) beim Schach darf in alle Richtungen (senkrecht, waagerecht und diagonal) und über eine beliebige Anzahl unbesetzter Felder gezogen werden!

Die Königin soll es mit vier Zügen schaffen, alle blauen Felder zu überqueren.

Ist das möglich?

2

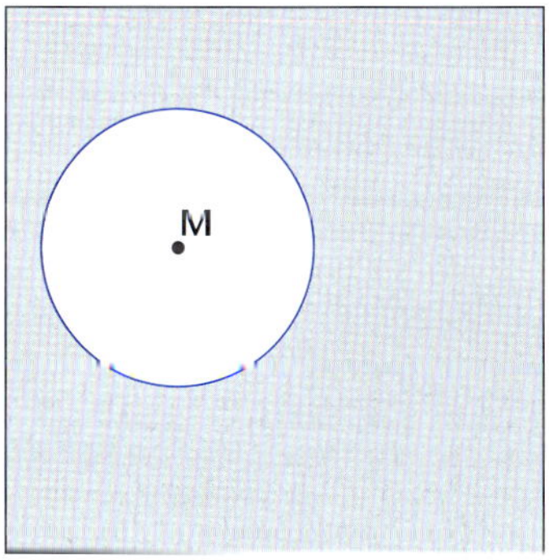

In das Quadrat aus Blech wurde ein kreisrundes Loch geschnitten.

Durch einen einzigen geraden Schnitt soll nun die Restfläche des Quadrates in zwei gleich große Teile zerlegt werden.

Zeichne die Schnittlinie ein und schreibe auf, warum deine Linie die richtige ist.

1 Mathematische Begriffe: **Prozentrechnung; umgekehrt proportional; Gleichungen lösen**

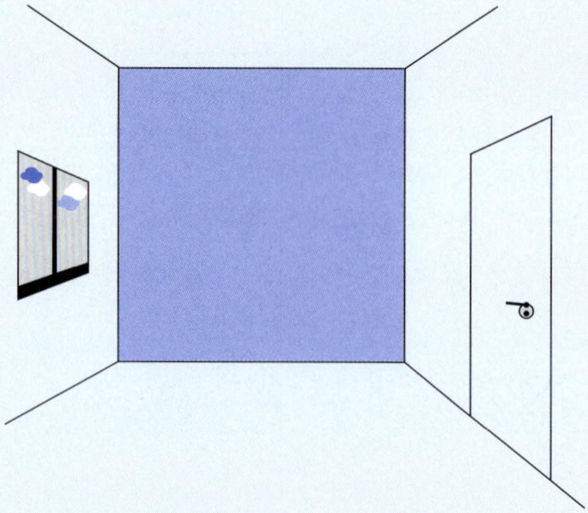

Lösung: Gemeinsam schaffen es die beiden in 2,4 Stunden.

Erklärung/Rechenweg:

Eine erste Idee wäre: Die Lösung muss zwischen 2 und 3 Stunden liegen, denn würden beide gleich schnell arbeiten (z.B. 4 Stunden), dann wäre die Arbeit in der Hälfte der Zeit getan.
Je mehr Personen an der gesamten Arbeit mitwirken, desto kürzer wird die Zeit sein, um die Arbeit zu bewältigen (umgekehrt proportional!).
Die Arbeit wird dann getan sein, wenn 100 % der Wand gestrichen sind.
In 1 Stunde schafft der Meister 25 %, denn er benötigt insgesamt 4 Stunden (100 % : 4 = 25 %).
In 1 Stunde schafft der Geselle 16,6 %, denn er benötigt insgesamt 6 Stunden ($100\,\% : 6 = 16{,}\overline{6}\,\%$).
Beide zusammen schaffen demnach in 1 Stunde $25\,\% + 16{,}\overline{6}\,\% = 41{,}\overline{6}\,\%$ der Arbeit.
Dividiert man die 100 % durch den Prozentsatz, den beide für 1 Stunde benötigen – nämlich $41{,}\overline{6}\,\%$ –, dann erhält man die Stundenzahl, die beide zusammen für das Streichen dieser Wand einplanen müssen: $100\,\% : 41{,}\overline{6}\,\% = 2{,}4$.
Dieser Sachverhalt wird in aller Kürze durch die folgende Gleichung ausgedrückt:

$$\frac{1}{4}x + \frac{1}{6}x = 1 \quad (\text{oder } 25\,\% \cdot x + 16{,}\overline{6}\,\% \cdot x = 100\,\%)$$

$$\Leftrightarrow \quad 6x + 4x = 24 \quad \Leftrightarrow \quad 10x = 24 \quad \Leftrightarrow \quad x = 2{,}4$$

Es könnte auch hilfreich sein, sich für die Fläche eine bestimmte Größe zu wählen, um dann mit diesen konkreten Werten die Lösung des Problems zu meistern.

Interessant ist auch folgender Lösungsweg: Der Meister schafft in 12 Stunden 3 Quadrate und der Geselle in 12 Stunden 2; zusammen schaffen sie in 12 Stunden demnach 5 Quadrate.

Das bedeutet, dass sie 1 Quadrat in $\frac{12}{5}$ Stunden schaffen, und das sind 2,4 Stunden.

1 Mathematische Begriffe: **Strecke**
Kombinieren

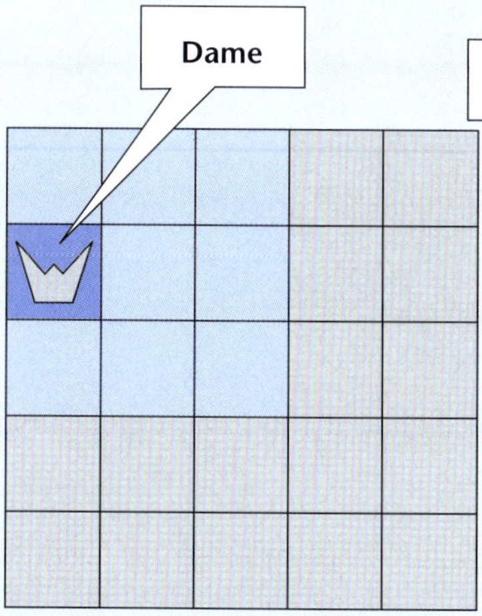

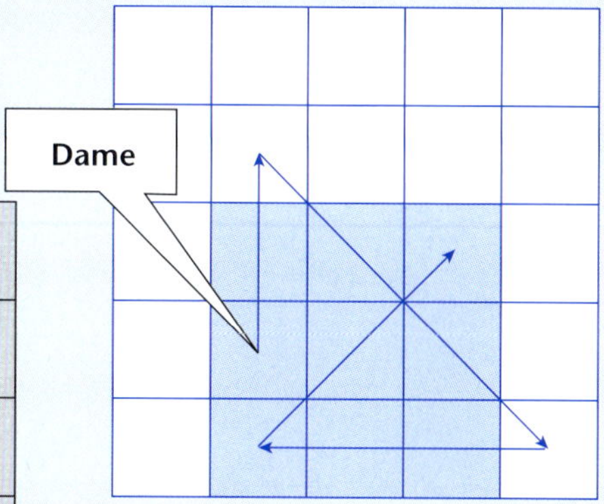

Lösung: Dies ist nur möglich, wenn die Dame das vorgegebene „kleine" (blaue) Feld verlassen darf und man sich weitere Felder dazudenkt.

Erklärung/Rechenweg:
Der Weg der Dame könnte dann wie in der Darstellung eingezeichnet verlaufen.
Für viele ist diese Aufgabe darum so schwierig, weil sie aus dem vorgegebenen blauen Schachfeld nicht „ausbrechen" wollen!

2 Mathematische Begriffe: **Gerade**
Kombinieren

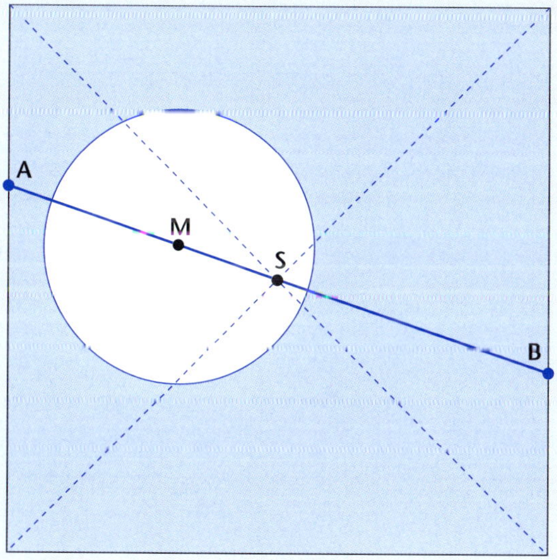

Lösung: Die Schnittlinie führt von A nach B durch den Mittelpunkt M des Kreises und gleichzeitig durch S, den Schnittpunkt der beiden Diagonalen des Quadrates.

Erklärung/Rechenweg:
Die Halbierung des Kreises erfolgt durch eine Linie, die durch den Mittelpunkt M verlaufen muss.
Die Halbierung des Quadrates erfolgt durch eine Linie, die durch den Schnittpunkt der Diagonalen S verlaufen muss.
Da es genau eine gerade Linie gibt, die beide Bedingungen gleichzeitig erfüllt, nämlich die Verbindungslinie von M und S, ist die Linie von A nach B durch M und S die einzig mögliche.

1

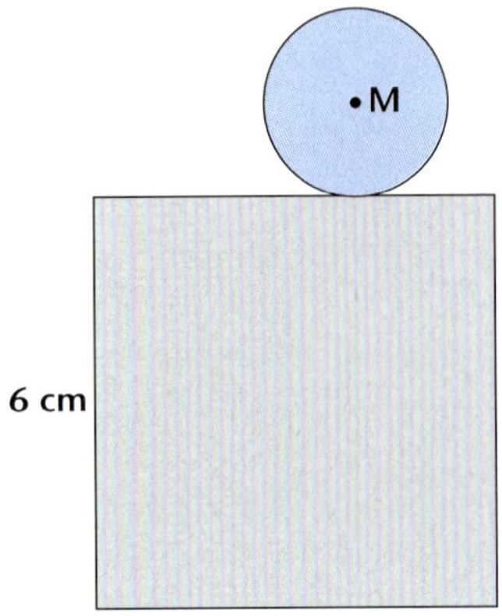

Der Kreis mit dem Radius von 2 cm rollt an dem Quadrat entlang.

Welchen Weg nimmt dann der Mittelpunkt M des Kreises?
Wie lang ist der Weg, den der Mittelpunkt zurücklegt, bis er wieder seinen Ausgangspunkt erreicht hat?

Zeichne den Weg ein.

1

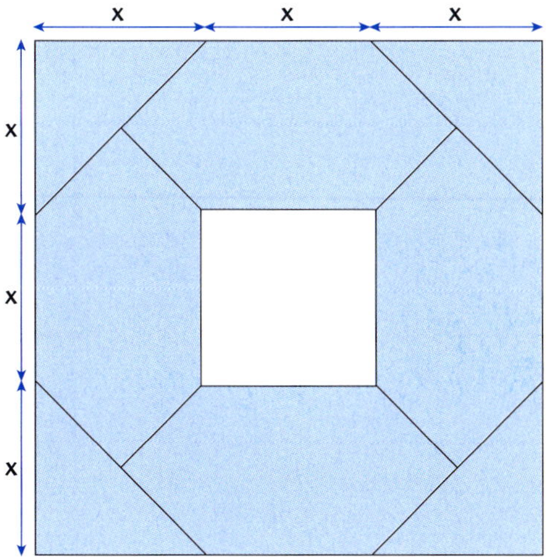

Die Seiten des großen Quadrates wurden in drei gleich große Abschnitte geteilt.
Auch das innere Quadrat hat die Länge x.

Lässt sich aus den 8 blauen Teilen wieder ein Quadrat zusammenbauen?

2

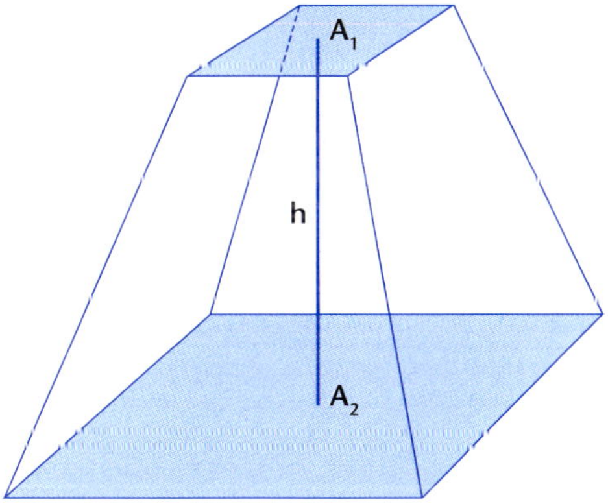

Diese quadratische Pyramide hat ihre Spitze verloren!

Bestimme die Höhe und das Volumen der fehlenden Spitze, wenn man weiß, dass

$h = 3\ \text{cm}$; $A_1 = 4\ \text{cm}^2$ und $A_2 = 16\ \text{cm}^2$

betragen.

❶ Mathematischer Begriff: **Kreisberechnung**

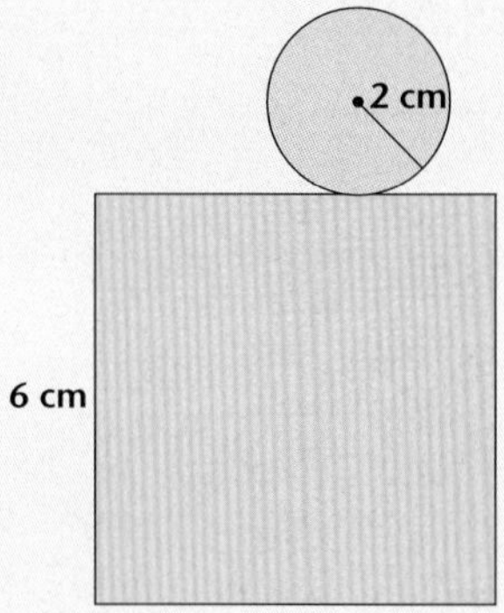

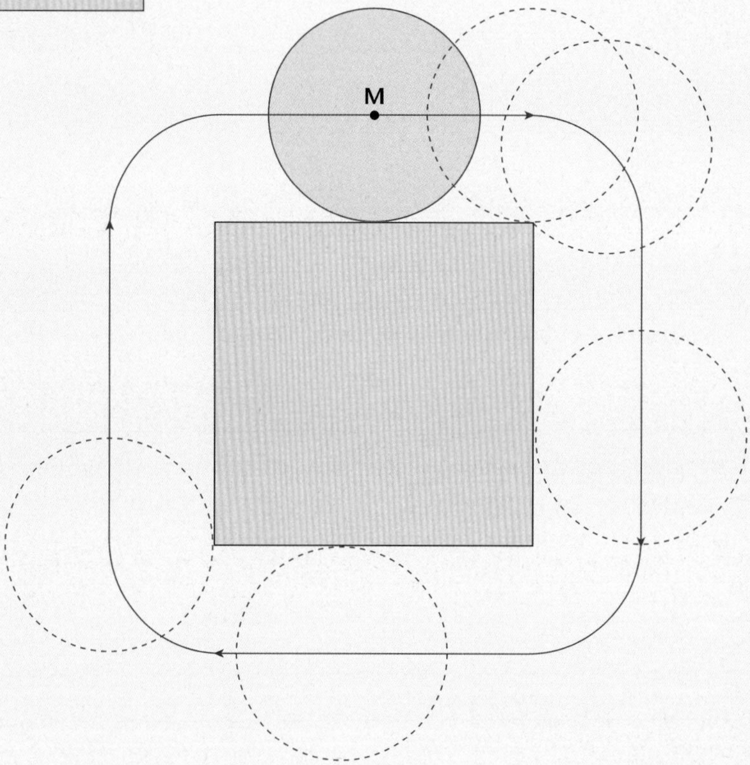

Lösung: **Der Weg hat eine Länge von ungefähr 36,57 cm.**

Erklärung/Rechenweg:

Der Mittelpunkt des Kreises bewegt sich auf der blau eingezeichneten Linie; er nimmt dabei 4-mal den Weg der Seitenlänge des Quadrates: $4 \cdot 6\ cm = 24\ cm$.

An der Ecke macht er eine Vierteldrehung; da er diese Vierteldrehung 4-mal durchführen muss, beschreibt der Mittelpunkt einen ganzen Kreis mit dem Radius von 2 cm:

$u = 2 \cdot r \cdot \pi \qquad u = 2 \cdot 2 \cdot \pi \approx 12{,}57$

Der ganze Weg bis zum Ausgangspunkt ist $w = 24\ cm + 12{,}57\ cm \approx 36{,}57\ cm$.

1 Mathematischer Begriff: **Kongruent**

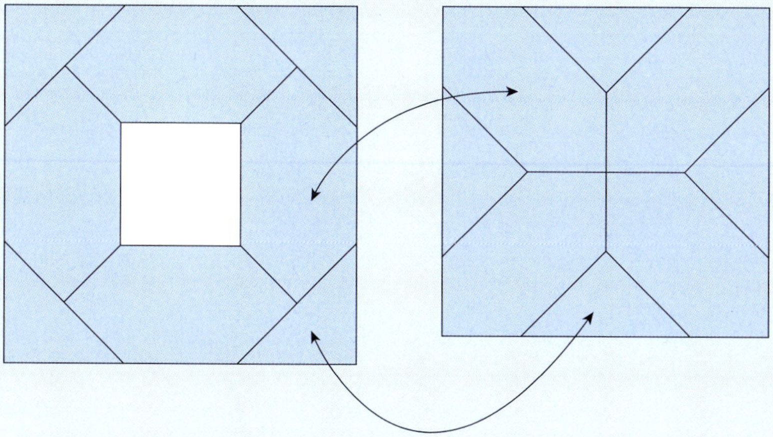

Lösung: Ja, es lässt sich aus den 8 Teilen ein Quadrat ohne „Loch“ legen.

Erklärung/Rechenweg:
Hier geht „Probieren über Studieren“; einfach die Figur konstruieren, auseinanderschneiden und neu zusammenlegen!

2 Mathematische Begriffe: **Pyramide, Pyramidenstumpf; Strahlensätze; Ähnlichkeit; Volumen**

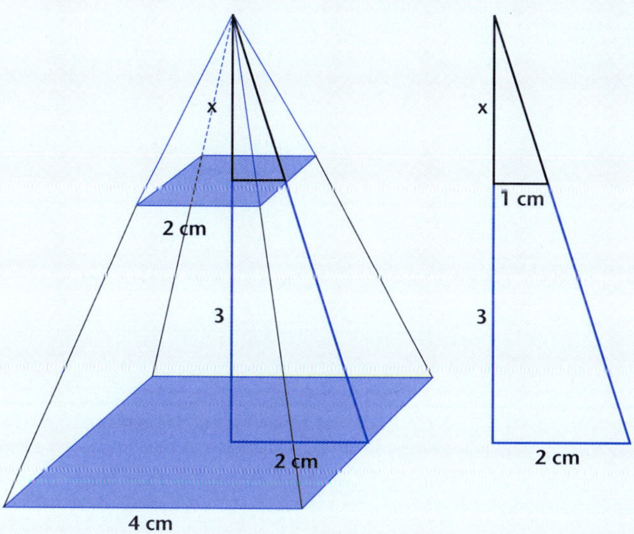

Lösung:
1. Die Höhe beträgt 3 cm.
2. Das Volumen ist $V = 4\ cm^3$.

Erklärung/Rechenweg:
1. Berechnung der Höhe x: Die „fehlende“ Pyramide besitzt die Höhe x. Diese kleine Pyramide und die vollständige Pyramide sind ähnlich zueinander; daraus folgt, dass auch entsprechende Strecken in diesen beiden Pyramiden zueinander ähnlich sein müssen. Weil man die beiden Flächen A_1 und A_2 kennt, weiß man auch, wie groß die Seiten dieser Flächen sind:
$\sqrt{16\ cm^2} = 4\ cm$ und
$\sqrt{4\ cm^2} = 2\ cm$

Es gilt der Strahlensatz: $\frac{x}{1} = \frac{x+3}{2} \Leftrightarrow 2x = x + 3 \Leftrightarrow x = 3$

2. Berechnung des Volumens V der „kleinen“ Pyramide:

$V = \frac{1}{3} \cdot G \cdot h$ bedeutet hier: $V = \frac{1}{3} \cdot A_1 \cdot x \Leftrightarrow V = \frac{1}{3} \cdot 4\ cm^2 \cdot 3\ cm = 4\ cm^3$.

1

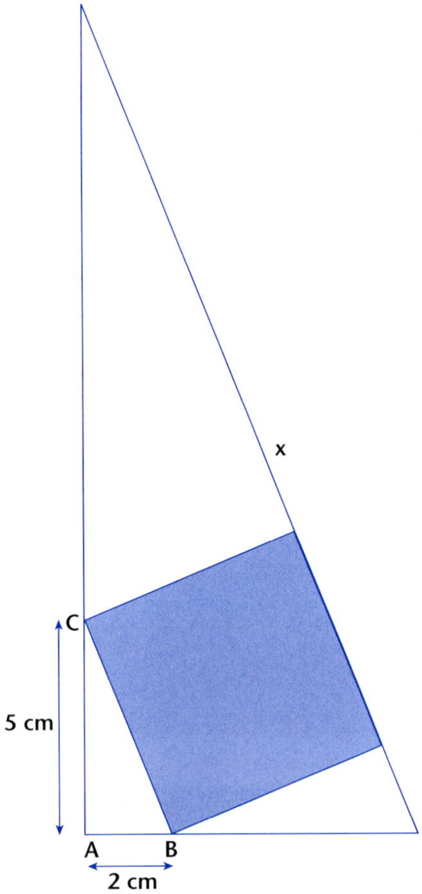

In ein rechtwinkliges Dreieck ist ein Quadrat einbeschrieben.
Die Strecke $\overline{AB}$ ist 2 cm und die Strecke $\overline{AC}$ ist 5 cm lang.

Wie lang ist die Hypotenuse **x** des großen Dreiecks?

1

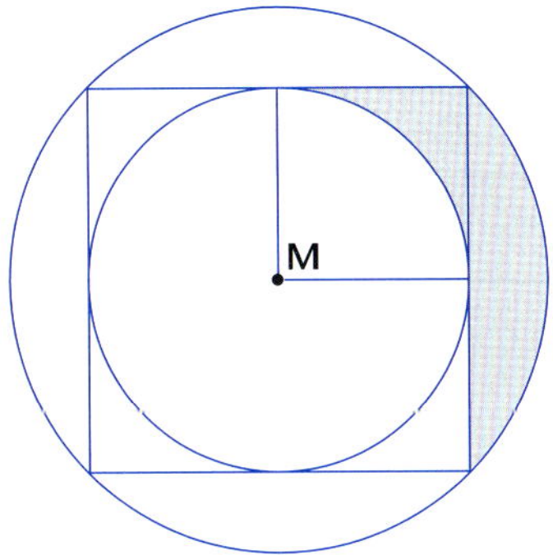

Das Quadrat berührt den inneren und den äußeren Kreis.
Die Seitenlänge des Quadrates beträgt 4 cm.

Berechne die Größe der grauen Fläche.

2

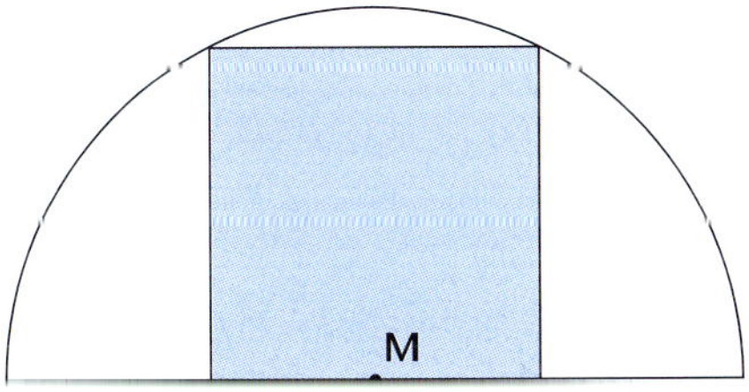

Wie muss der Radius des Halbkreises gewählt werden, wenn das einbeschriebene Quadrat den Flächeninhalt von 36 cm^2 hat?

❶ Mathematische Begriffe: **Satz des Pythagoras; Höhensatz; Strahlensatz**

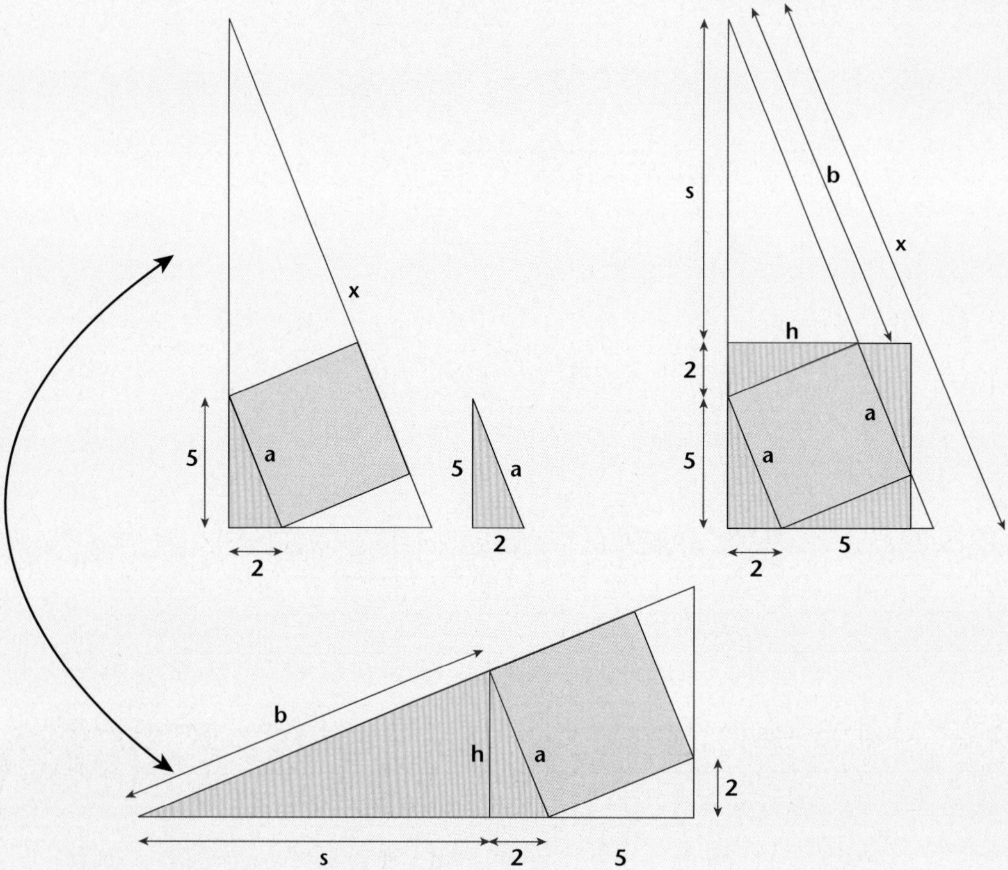

Lösung: *Die Hypotenuse des großen Dreiecks ist x = 21 cm.*

Erklärung/Rechenweg:

Um die Länge der Hypotenuse des großen Dreiecks – hier mit x bezeichnet – berechnen zu können, benötigt man einige andere Längen. Eine Strategie ist im Folgenden beschrieben; die obigen Skizzen helfen bei der Lösung:

1. *Berechnung von a mithilfe des Satzes des Pythagoras:*
   $a^2 = 5^2 + 2^2 = 29 \Leftrightarrow a = \sqrt{29} \Leftrightarrow a \approx 5{,}385$
2. *Berechnung von h mithilfe des Satzes von Pythagoras:*
   $h^2 = a^2 - 2^2 \Leftrightarrow h^2 = 29 - 4 = 25 \Leftrightarrow h = 5$
3. *Berechnung von s mithilfe des Höhensatzes:* $h^2 = s \cdot 2 \Leftrightarrow 25 = s \cdot 2 \Leftrightarrow s = 12{,}5$
4. *Berechnung von b mithilfe des Satzes von Pythagoras:*
   $b^2 = s^2 + h^2 \Leftrightarrow b^2 = 12{,}5^2 + 25 \Leftrightarrow b^2 = 181{,}25 \Leftrightarrow b \approx 13{,}463$
5. *Berechnung von x mithilfe des Strahlensatzes:* $\frac{x}{b} = \frac{s + 2 + 5}{s} \Leftrightarrow \frac{x}{13{,}463} \approx \frac{19{,}5}{12{,}5}$

$\Leftrightarrow x \approx \frac{19{,}5 \cdot 13{,}463}{12{,}5} \Leftrightarrow x \approx 21$

1 Mathematische Begriffe: **Kreisberechnung; Kreisteile**

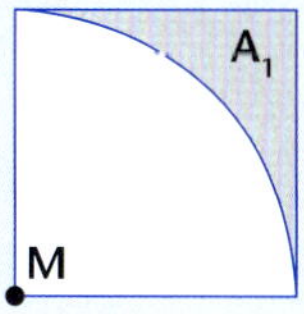

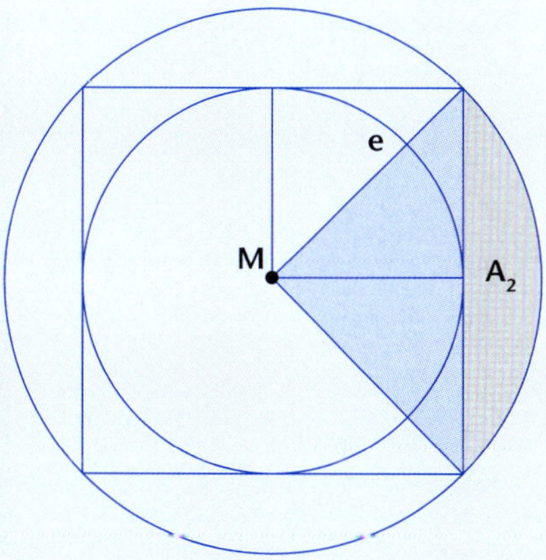

Lösung: Die graue Fläche ist $A \approx 3{,}141\ cm^2$

Erklärung/Rechenweg:

Die graue Fläche A besteht aus den beiden Teilflächen A_1 und A_2, die zu berechnen sind.

1. Berechnung von A_1:

$A_1 = A_{Quadrat} - A_{Viertelkreis}\ (r = 2)$

$A_1 = 2^2 - \frac{1}{4} \cdot \pi \cdot 2^2 \approx 0{,}858$

2. Berechnung von A_2:

$A_2 = A_{Viertelkreis}\ (r = e) - A_{Dreieck}$

Der Radius e des Viertelkreises muss zunächst berechnet werden: $e^2 + e^2 = 4^2$

$\Leftrightarrow \quad 2e^2 = 16 \quad \Leftrightarrow \quad e^2 = 8 \quad \Leftrightarrow \quad e = \sqrt{8} \approx 2{,}828$

$A_2 = \left(\frac{1}{4} \cdot \pi \cdot 2{,}828^2\right) - \left(\frac{e \cdot e}{2}\right) = \frac{1}{4} \cdot \pi \cdot 8 - 4$

$A_2 \approx 2{,}283$

$A = A_1 + A_2 \approx 0{,}858 + 2{,}283 \approx 3{,}141$

2 Mathematische Begriffe: **Satz des Thales; Quadratische Gleichung; Höhensatz; Satz des Pythagoras**

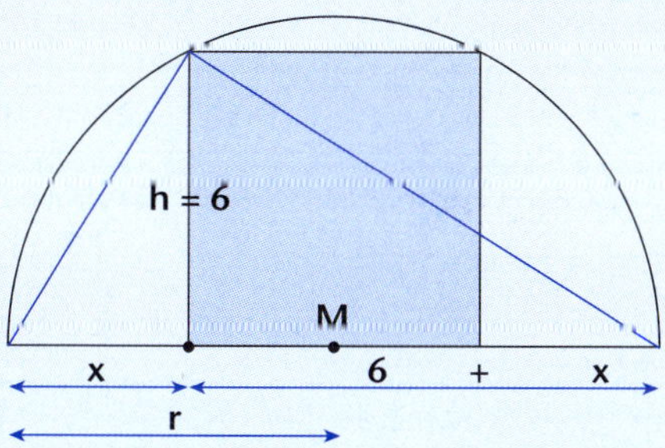

Lösung: Der Radius des Halbkreises ist $r \approx 6{,}71$ cm.

Erklärung/Rechenweg: Der Radius des Halbkreises ist $r = x + 0{,}5 \cdot h = 3 + x$

Die Aufgabe ist gelöst, wenn der Wert für x bestimmt wird.

In dem Halbkreis (Thaleskreis) ist das eingezeichnete Dreieck rechtwinklig, und in dem Dreieck gilt der Höhensatz: $h^2 = x \cdot (6 + x) \quad \Leftrightarrow \quad h^2 = 6x + x^2$

Für h^2 kann der Wert 36 eingesetzt werden, da für das blaue Quadrat gilt: $h^2 = 36$.

$36 = 6x + x^2 \quad \Leftrightarrow \quad x^2 + 6x - 36 = 0$

$\Leftrightarrow \quad x_1 = -3 + \sqrt{(-3)^2 + 36} \approx 3{,}71$ und $x_2 = -3 - \sqrt{(-3)^2 + 36} \approx -9{,}71$

(Der zweite Wert kommt für die Lösung nicht in Frage, da er negativ ist!)

Der Radius des Halbkreises ist $r = x + 3 \approx 3{,}71 + 3 \approx 6{,}71$.

Noch einfacher wäre folgende Lösung: $r^2 = h^2 + (0{,}5\,h)^2 \quad \Leftrightarrow \quad r^2 = 36 + 9 = 45$

$\Leftrightarrow \quad r = \sqrt{45} \quad \Leftrightarrow \quad r \approx 6{,}71$

1

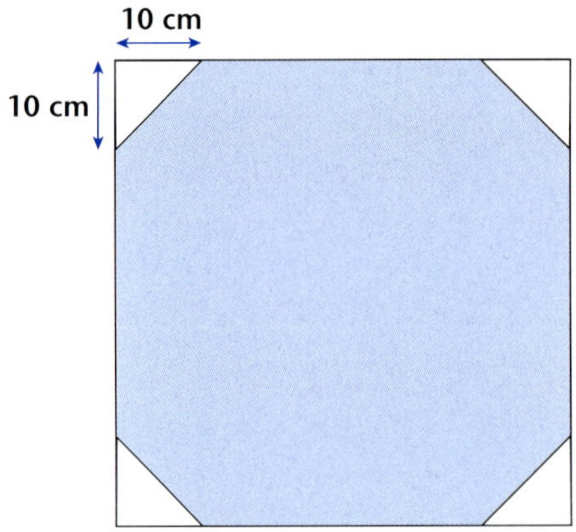

Für das neue Schwimmbad werden achteckige Kacheln bestellt.
Sie sollen eine Größe von 62 dm^2 haben.

Die Kacheln werden in der Firma aus quadratischen Grundplatten hergestellt, indem man von jeder Ecke genau das gleiche kongruente Dreieck abschneidet.

Welche Seitenlänge muss das Ausgangsquadrat haben?

2

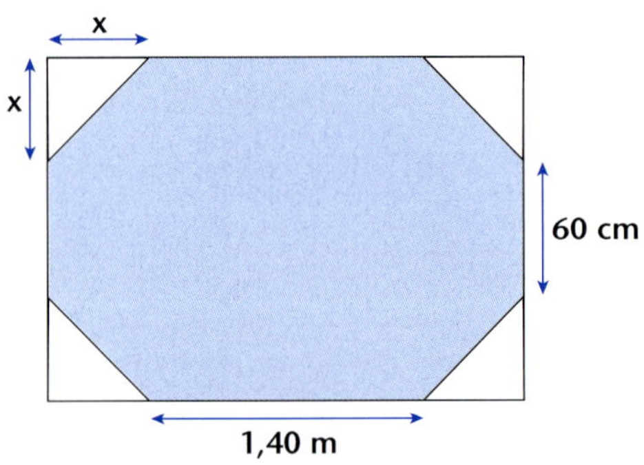

Aus den ursprünglich rechteckigen Tüchern werden achteckige hergestellt.
Sie sollen eine Größe von 172 dm^2 haben.

Von jeder Ecke werden gleich große kongruente Dreiecke abgeschnitten.
Welche Seitenlängen muss das Ausgangsrechteck haben?

1

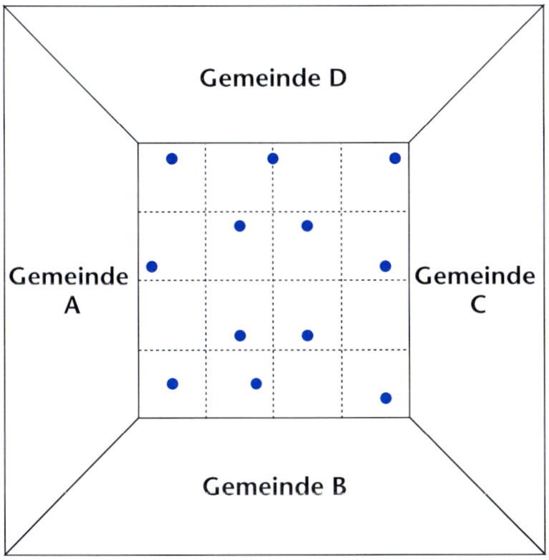

Die Gemeinden A, B, C und D wollen das quadratische Grundstück gerecht untereinander aufteilen.
Die Punkte markieren wertvolle Kastanienbäume.
Jede Gemeinde will genau drei davon auf dem neu gewonnenen Grundstück.

Teile gerecht.

2

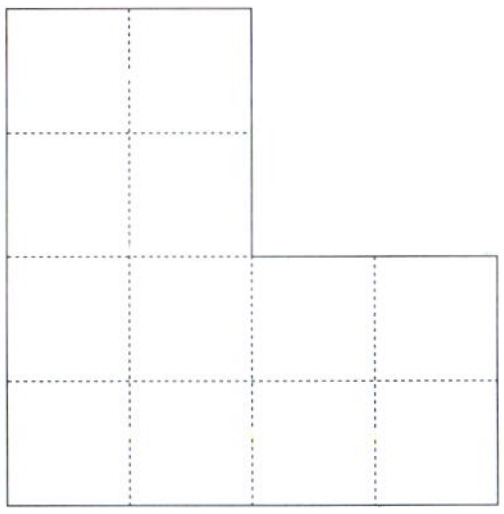

Dieses Grundstück gehört dem Bauern Hartmann.

Er möchte dieses Grundstück seinen vier Kindern vererben.

Jedes Teil soll die gleiche Form und die gleiche Größe haben.

Teile auf.

1 Mathematischer Begriff: **Dreiecksberechnung**

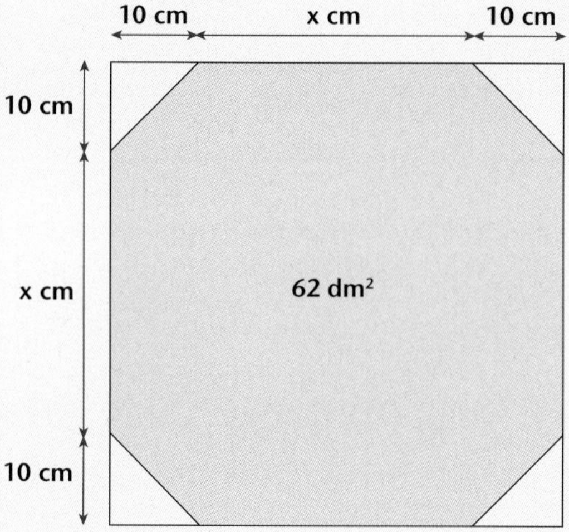

Lösung: Das Ausgangsquadrat muss die Seitenlänge $a = 8$ dm haben.

Erklärung/Rechenweg:

Eine „abgeschnittene" Ecke E hat die Flächengröße

$$E = \frac{10\text{ cm} \cdot 10\text{ cm}}{2} = 50\text{ cm}^2$$

Die vier Ecken sind zusammen also $4 \cdot 50\text{ cm}^2 = 200\text{ cm}^2$ groß.

Für das Ausgangsquadrat A gilt:

$A = 200\text{ cm}^2 + 62\text{ dm}^2$;

da 200 cm^2 der Größe von 2 dm^2 entspricht, ist $A = 64\text{ dm}^2$.

Die Seitenlänge ist dann

$$a = \sqrt{64\text{ dm}^2} = 8\text{ dm}.$$

2 Mathematische Begriffe: **Dreiecksberechnung** **Quadratische Gleichung**

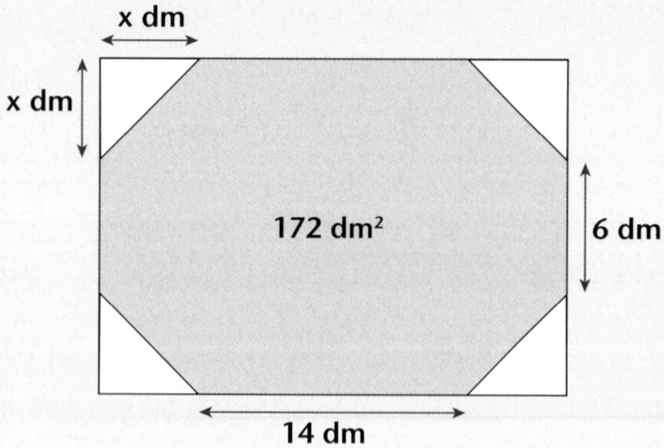

Lösung: Das Ausgangsrechteck muss die Seitenlängen 10 dm und 18 dm haben.

Erklärung/Rechenweg:

Der gesamte rechteckige Tisch A besteht aus den 172 dm^2 und den vier kleinen gleichschenklig-rechtwinkligen Dreiecken.

Solch ein Dreieck ist $\frac{x \cdot x}{2} = \frac{x^2}{2}\text{ dm}^2$ groß.

Die vier Ecken sind zusammen $2x^2\text{ dm}^2$ groß, denn $4 \cdot \frac{x^2}{2} = 2x^2$.

Dann ist $A = (14 + 2x) \cdot (6 + 2x)$

$\Leftrightarrow \quad 84 + 12x + 28x + 4x^2 = 172 + 2x^2$

$\Leftrightarrow \quad 4x^2 + 40x + 84 = 172 + 2x^2$

$\Leftrightarrow \quad 2x^2 + 40x - 88 = 0$

$\Leftrightarrow \quad x^2 + 20x - 44 = 0$

$\Leftrightarrow \quad x_1 = -10 + \sqrt{100 + 44} = 2$

$\quad\quad x_2 = -10 - \sqrt{100 + 44} = -22$

(Der zweite Wert kommt für die Lösung nicht in Frage, da er negativ ist!)

1 Mathematischer Begriff: **kongruent**

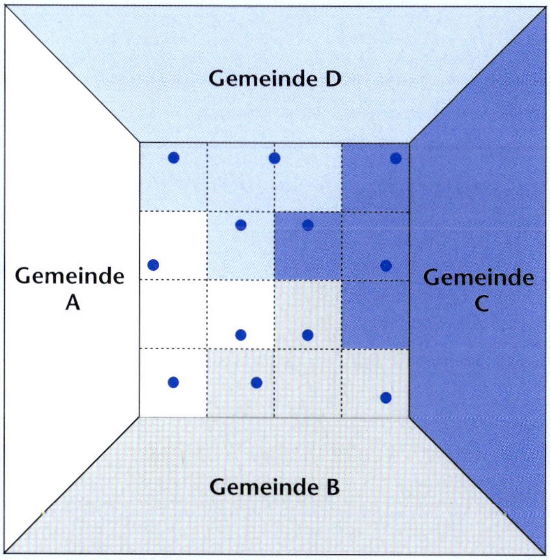

Lösung: siehe Abbildung!

Erklärung/Rechenweg:
Alle Gemeinden haben 4 zusätzliche Quadratflächen.
Alle dazugewonnenen Flächen sind kongruent zueinander:
Jeweils drei Quadrate grenzen direkt an die Gemeindefläche und jede Gemeinde erhält drei wertvolle Kastanienbäume.

2 Mathematischer Begriff: **kongruent**

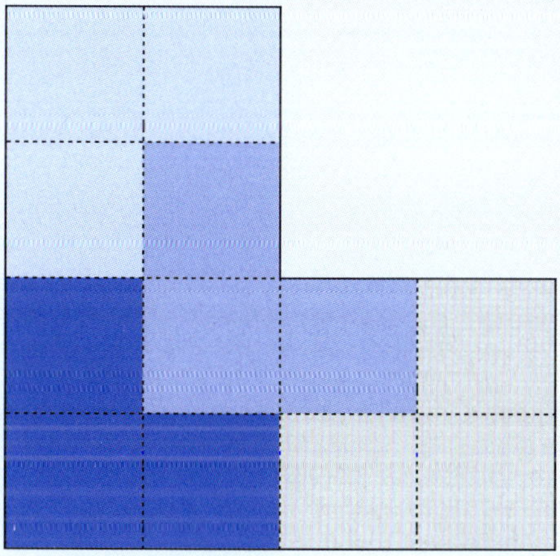

Lösung: siehe Abbildung!

Erklärung/Rechenweg:
Jedes Teilstück muss aus 3 kleinen Quadraten bestehen, da das gesamte Grundstück aus 12 kleinen Quadraten aufgebaut ist.
Alle vier Flächen sind kongruent zueinander.

1

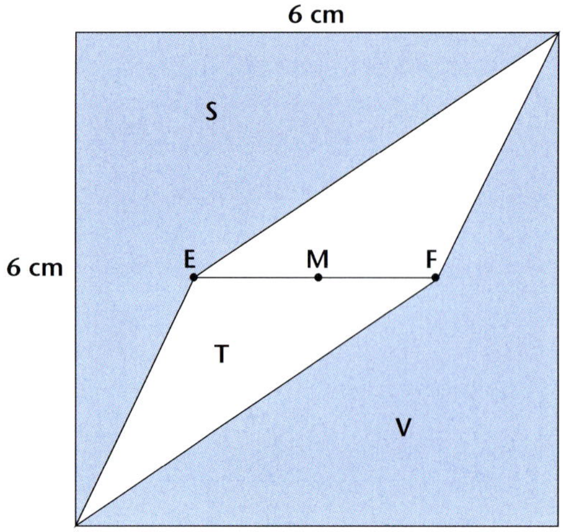

In diesem Quadrat verläuft die Strecke von E nach F parallel zur Quadratseite.
Der Mittelpunkt M des Quadrates ist auch der Mittelpunkt der Strecke $\overline{EF}$.

Die Endpunkte E und F sind jeweils mit zwei Eckpunkten des Quadrates verbunden.
Wie lang muss die Strecke von E nach F gewählt werden, damit die drei entstehenden Teilflächen S, T und V gleich groß sind?

2

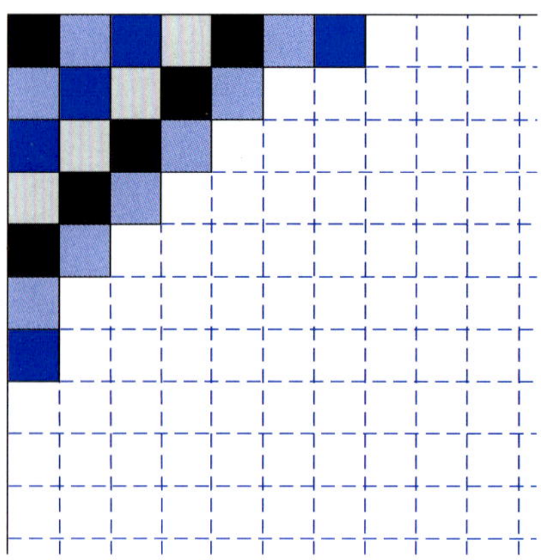

Ein Quadrat wird in lauter kleine Quadrate unterteilt.
Die kleinen Quadrate haben vier unterschiedliche Farben und werden gleichmäßig – wie in der Abbildung – angeordnet.
Das gesamte Feld besteht aus 87 x 87 kleinen Quadraten.

Bestimme, wie viele kleine schwarze, hellblaue, graue und dunkelblaue Quadrate dafür benötigt werden.

1

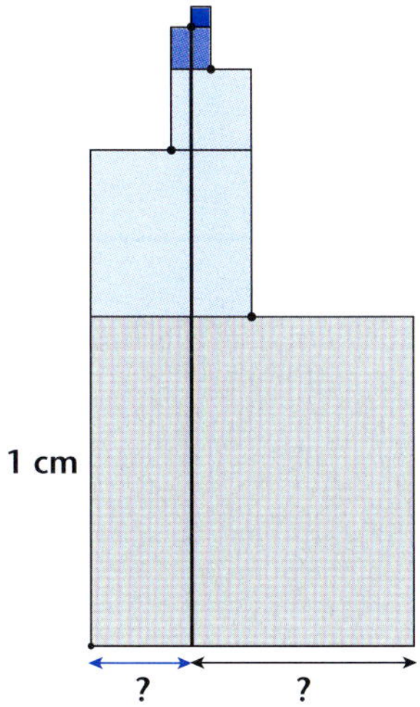

Hier wurden Quadrate gestapelt.
Jedes Quadrat hat jeweils die Hälfte der Seitenlänge des Quadrates, auf dem es steht.

Von dem oberen Quadrat wurde eine Linie nach unten gezeichnet.
In welchem Verhältnis teilt diese Linie die größte Quadratseite?

2

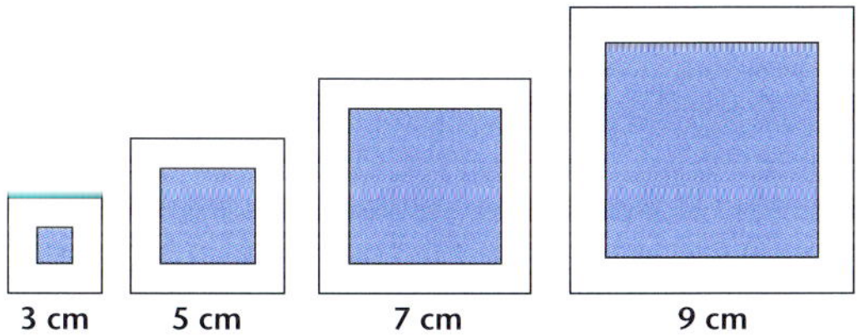

Die Bilderrahmen bestehen aus zwei zueinander parallel liegenden Quadraten; die Abstände sind überall gleich groß, nämlich 1 cm.
Die blaue Fläche ist für das Bild gedacht.

Wie viel cm^2 Rahmen umgeben das Bild, wenn die Seitenlänge 1,55 m beträgt?

1 Mathematische Begriffe: **Höhe im Dreieck** **Dreiecksberechnung**

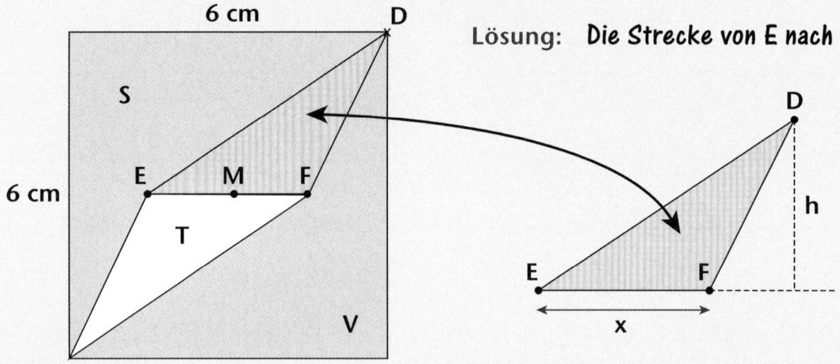

Lösung: Die Strecke von E nach F muss 4 cm lang sein.

Erklärung/Rechenweg:

Die weiße-graue Fläche T und die beiden blauen Flächen S und V bilden zusammen das Quadrat, das den Flächeninhalt $A = 36\ cm^2$ hat.

Jede dieser drei Flächen soll gleich groß sein, also $12\ cm^2$.

Dann ist das (graue) Dreieck die Hälfte der Fläche von T: $A_{Dreieck} = 6\ cm^2$.

Es muss die Grundlinie x des (grauen) Dreiecks berechnet werden; die Höhe des (grauen) Dreiecks, die außerhalb liegt, ist genau 3 cm (die Hälfte der Quadratseite).

$$A_{Dreieck} = \frac{g \cdot h}{2} \qquad 6 = \frac{x \cdot 3}{2} \quad \Leftrightarrow \quad 12 = 3x \quad \Leftrightarrow \quad x = 4$$

2 Mathematischer Begriff: **Kombinieren**

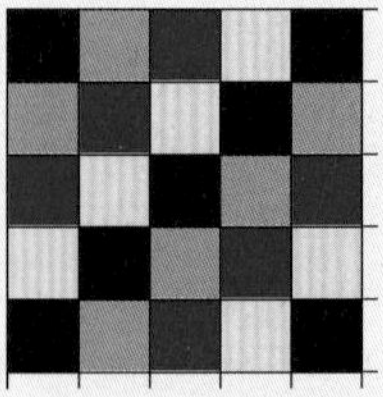

Lösung: In einem 87 x 87-Quadrat kommen die dunkelblauen Quadrate 1893-mal und die anderen Farbquadrate jeweils 1892-mal vor.

Erklärung/Rechenweg:

Das 87 x 87-Quadrat hat eine ungerade Seitenzahl. Eine der vier Farben muss öfter als die anderen auftreten, denn die Quadratzahl einer ungeraden Zahl führt wiederum zu einer ungeraden Zahl und solch eine ungerade Zahl lässt sich nicht durch 4 teilen, ohne dass ein Rest bleibt.

Bei 3 x 3 ist die Diagonale dunkelblau, dann kommt das dunkelblaue Quadrat einmal mehr vor als die anderen (siehe Abb.).

Bei 5 x 5 ist die Diagonale schwarz, jetzt ist ein schwarzes Quadrat mehr vorhanden (siehe Abb.).

Bei 7 x 7 ist die Diagonale wieder dunkelblau, bei 9 x 9 schwarz, bei 11 x 11 dunkelblau ... und so weiter. Es kommen also für ungerade Seitenzahlen nur schwarze oder dunkelblaue Diagonalen in Frage.

Bei den Seitenlängen 1, 5, 9, 13, 17, 21, 25, ... ist die Diagonale schwarz.

Bei den Seitenlängen 3, 7, 11, 15, 19, 23, 27, ... ist die Diagonale dunkelblau.

Da die 87 in der dunkelblauen Zahlenfolge auftaucht, ist bei dem 87 x 87-Quadrat die Diagonale dunkelblau.

	Schwarz	Hellblau	Dunkelblau	Grau
3 x 3-Quadrat	2	2	3	2
5 x 5-Quadrat	7	6	6	6
7 x 7-Quadrat	12	12	13	12
...				
87 x 87-Quadrat	1892	1892	1893	1892

1 Mathematische Begriffe: **Bruchrechnung** **Kombinieren**

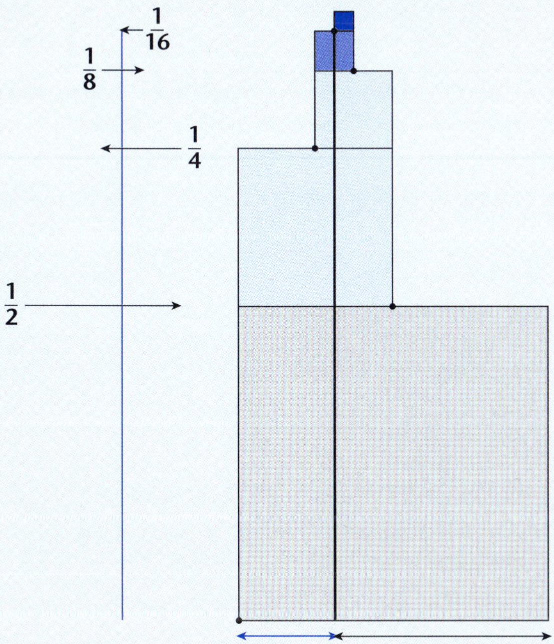

Lösung: Die Linie teilt die größte Quadratseite im Verhältnis 5 zu 11.

Anders formuliert:

der eine Teil ist $\frac{5}{16}$, der andere $\frac{11}{16}$;

oder 31,25 % und 68,75 %.

Erklärung/Rechenweg:

Eine einfache Lösung findet man durch die Addition der Pfeillängen; der Punkt wandert stets hin und zurück:

$$\frac{1}{2} - \frac{1}{4} + \frac{1}{8} - \frac{1}{16} = \frac{8 - 4 + 2 - 1}{16} = \frac{5}{16}$$

2 Mathematische Begriffe: **Funktionale Zusammenhänge** **Binomische Formel**

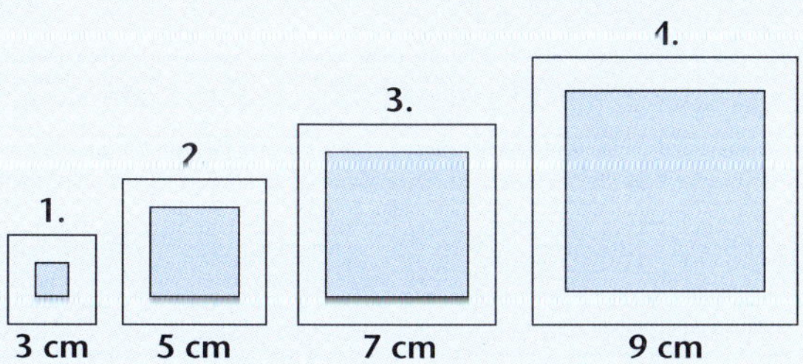

Lösung: Bei der Seitenlänge von 1,55 m ist der Rahmen 616 cm^2 groß.

Erklärung/Rechenweg:

Um die Fläche des Bilderrahmens bestimmen zu können, muss vom gesamten Quadrat die „innere" Bildfläche subtrahiert werden.

1. $3 \cdot 3 - 1 \cdot 1 = 3^2 - 1^2 = 8$
2. $5 \cdot 5 - 3 \cdot 3 = 5^2 - 3^2 = 16$
3. $7 \cdot 7 - 5 \cdot 5 = 7^2 - 5^2 = 24$
4. $9 \cdot 9 - 7 \cdot 7 = 9^2 - 7^2 = 32$

An diese Beispiele lässt sich eine allgemeine Überlegung anschließen.
Wählt man für die Seitenlänge der Gesamtfläche den Term x, dann gilt:

$$\begin{aligned} x \cdot x - [(x-2) \cdot (x-2)] &= x^2 - (x-2)^2 = x^2 - (x^2 - 4x + 4) \\ &= x^2 - x^2 + 4x - 4 \\ &= 4x - 4 \end{aligned}$$

Für $x = 155$ gilt für die Rahmenfläche $A = 4 \cdot 155 - 4 = 616$

1

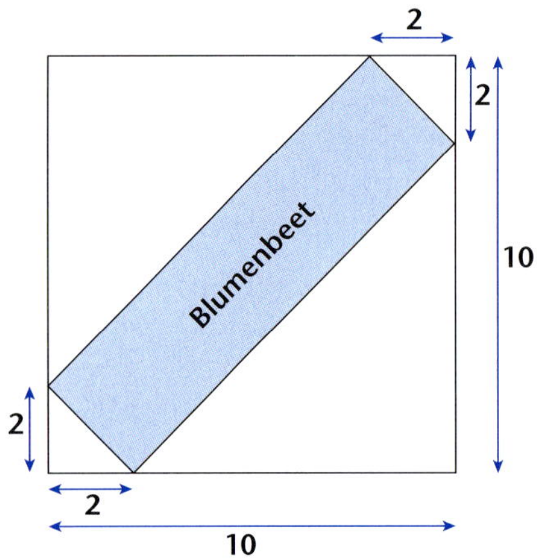

1. Zur Landesgartenschau wurde diese quadratische Rasenfläche mit der Seitenlänge von 10 m durch ein Blumenbeet (blaues Rechteck) verschönert.

Berechne den Flächeninhalt der rechteckigen Blumenfläche.

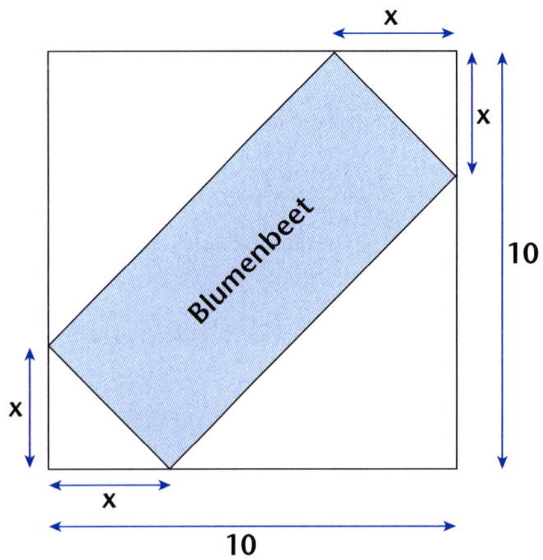

2. Bestimme den Wert für x, so dass der Flächeninhalt des Blumenbeetes $A = 48\ m^2$ beträgt.

Alle Angaben in m!

1

Der russische Dichter Leo Tolstoi erzählt die Geschichte des gierigen Bauern Pachom.

Pachoms Weg ...

Der Bauer Pachom ist mit seinem Leben nicht zufrieden und sucht nach einer Möglichkeit, sein Land zu vergrößern, um mehr anbauen zu können und so reicher zu werden. Obwohl ihm dies gelingt, stellt sich Zufriedenheit nicht ein; auch auf dem erweiterten und verbesserten Besitz gibt es Ärger, unter anderem mit den Nachbarn. Fest davon überzeugt, dass ein neuerlich vergrößerter Besitz keinen Ärger mehr bringen würde, sucht er nach weiteren Möglichkeiten, Land zu kaufen. Schließlich wird er fündig: Die Baschkiren wollen ihm so viel Land verkaufen, wie er an einem Tag selbst umlaufen kann. Ein Tag kostet bei den Baschkiren gerade mal tausend Rubel, egal wie viel der Käufer „schafft".
Wie zu befürchten, übernimmt sich Pachom gründlich. In der ersten Tageshälfte kommt er rasch und zügig voran, doch die zweite Tageshälfte bei glühender Hitze fällt ihm mit jedem Schritt schwerer. Fast ist die Sonne untergegangen; auf dem Hügel, von dem aus der Marsch losging, ist sie gerade noch zu sehen, und die Baschkiren feuern Pachom mit Rufen und Gesten an, das letzte Stück schnell noch hinter sich zu bringen. Er schafft es. „Gut gemacht!", schreit der Älteste der Baschkiren. „Viel Land hast du gewonnen!"; doch Pachom fällt um und ist tot!

[Leo Tolstoi, Volkserzählungen, übers. und hg. von Guido Waldmann, Reclam Verlag, Stuttgart 2005]

Er war von dem Hügel aus aufgebrochen, nach 21 km bog er im rechten Winkel nach links ab, nach wiederum 8 km erneut im rechten Winkel nach links. Nachdem er 15 km in die neue Richtung gewandert war, packte ihn die Angst, nicht rechtzeitig zurückzukommen, und er lief geradewegs auf den Hügel zu, seinen Ausgangspunkt.
Bestimme die Länge von Pachoms Weg. Zeichne zuvor eine Skizze.
(Die Höhenunterschiede können unberücksichtigt bleiben.)

Pachom hätte ein gleich großes Stück Land auf einem kürzeren Weg umwandern können. Finde ein möglichst großes Stück Land und finde heraus, wie viele km Pachom eingespart hätte.

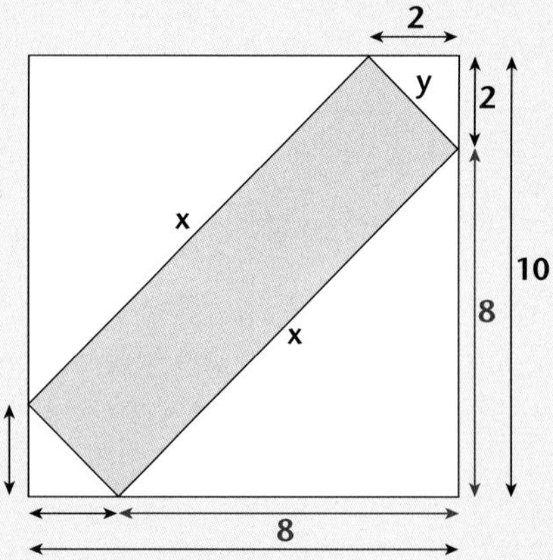

Lösung:

1. Das Blumenbeet hat eine Fläche von 32 m^2.
2. Wählt man für $x = 6$ cm oder $x = 4$ cm, dann ist $A = 48$ m^2.

Erklärung/Rechenweg:

1. Das Blumenbeet hat die Fläche $A = x \cdot y$

a) Berechnung von x:

$x^2 = 8^2 + 8^2 = 128$

$x = \sqrt{128} \approx 11{,}31$

b) Berechnung von y:

$y^2 = 2^2 + 2^2 = 8$

$x = \sqrt{8} \approx 2{,}83$

$A \approx 11{,}31 \cdot 2{,}83 \approx 32$

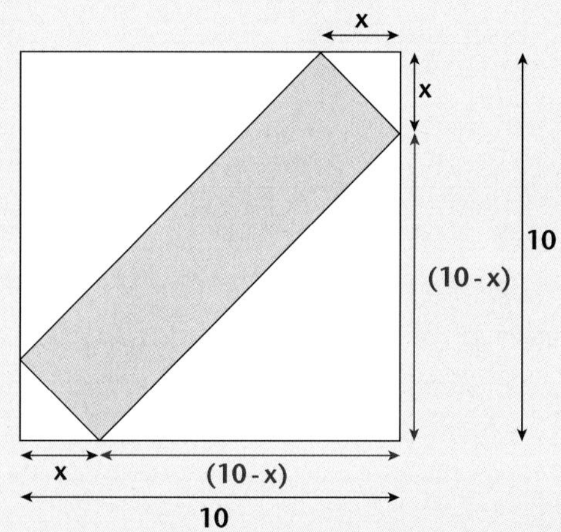

2. Die Fläche des Blumenbeetes A bleibt übrig, wenn man von dem großen Quadrat die vier Dreiecke subtrahiert.
Die beiden kleinen Dreiecke bilden zusammen ein Quadrat mit dem Flächenterm x^2.
Die beiden großen Dreiecke bilden ein Quadrat mit dem Flächenterm $(10 - x)^2$.

$$100 - x^2 - (10 - x)^2 = 48$$
$$\Leftrightarrow \quad 52 - x^2 - (100 - 20x + x^2) = 0$$
$$\Leftrightarrow \quad 52 - x^2 - 100 + 20x - x^2 = 0$$
$$\Leftrightarrow \quad -48 - 2x^2 + 20x = 0$$
$$\Leftrightarrow \quad x^2 - 10x + 24 = 0$$
$$\Leftrightarrow \quad x_1 = 5 + \sqrt{5^2 - 24} = 6$$
$$x_2 = 5 - \sqrt{5^2 - 24} = 4$$

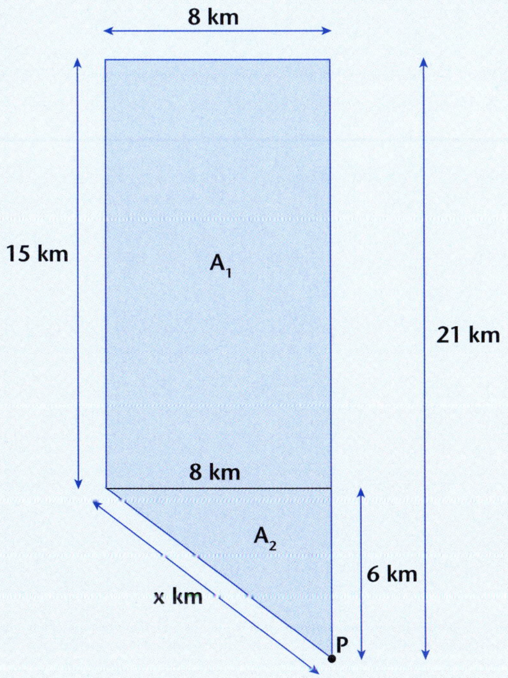

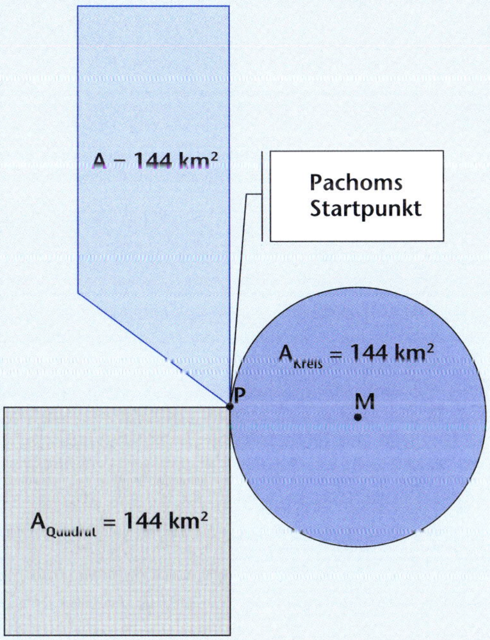

Lösung: Pachom hätte die größte Einsparung – nämlich ≈ 11,46 km – erzielt, wenn er auf einer Kreislinie gelaufen wäre; der Kreis hätte den Radius $r \approx 6{,}77$ km haben müssen.

Erklärung/Rechenweg:

Zunächst ist es ratsam, den Weg s, den Pachom gegangen ist, zu skizzieren.
Die Fläche A, die er umwandert, besteht aus einem Rechteck A_1 und einem Dreieck A_2.
Das Rechteck ist
$A_1 = 15\text{ km} \cdot 8\text{ km} = 120\text{ km}^2$ groß.

Das Dreieck ist
$A_2 = \dfrac{8\text{ km} \cdot 6\text{ km}}{2} = 24\text{ km}^2$ groß.
Die gesamte Fläche A, die umwandert wird, ist
$A = A_1 + A_2 = 120\text{ km}^2 + 24\text{ km}^2$
$A = 144\text{ km}^2$ groß.

Die letzte Strecke x, die Pachom gelaufen ist, lässt sich mit dem Satz von Pythagoras berechnen:
$x^2 = 6^2 + 8^2 \quad \Leftrightarrow \quad x^2 = 100 \quad \Leftrightarrow \quad x = 10.$
Der gesamte Weg s ist also
$s = 21\text{ km} + 8\text{ km} + 15\text{ km} + 10\text{ km} = 54\text{ km}.$

Ein Quadrat hätte beim Flächeninhalt
$A_{Quadrat} = 144\text{ km}^2$ den Umfang $u_1 = 48$ km, denn jede Seite hätte die Länge $a = 12$ km.
Pachoms Einsparung: 6 km.

Ein Kreis hätte bei einem Flächeninhalt
$A_{Kreis} = 144\text{ km}^2$ einen noch kleineren Umfang u_2; mithilfe der Fläche $A_{Kreis} = \pi \cdot r^2 = 144$ lässt sich der Radius für den Kreis bestimmen.

$144 = \pi \cdot r^2 \quad \Leftrightarrow \quad r^2 = \dfrac{144}{\pi} \approx 45{,}837$

$\Leftrightarrow \quad r \approx 6{,}77$

$u_2 = 2 \cdot \pi \cdot r \approx 2 \cdot \pi \cdot 6{,}77 \approx 42{,}537$

Pachoms Einsparung: 11,46 km

1

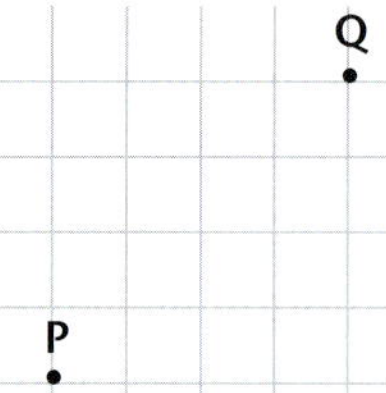

P und Q sind Eckpunkte eines Quadrates. Konstruiere das kleinstmögliche und das größtmögliche Quadrat.

2

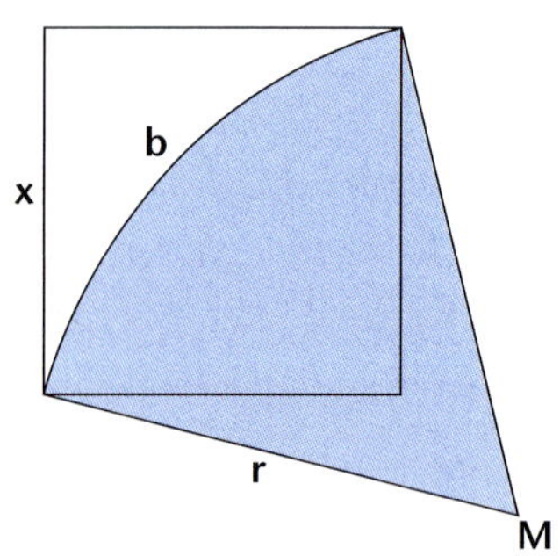

b ist der Bogen des blauen Kreissektors. Seine Länge ist $b = 5$ cm. Ebenso kennt man den Radius $r = 4$ cm.

Wie lang ist die Seite des Quadrates?

1

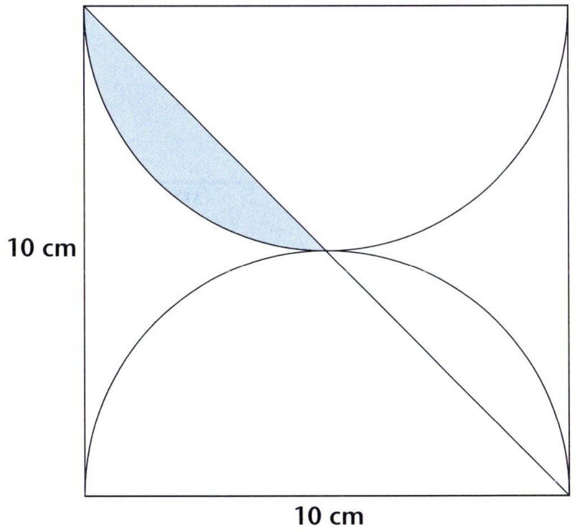

Wie groß ist der Inhalt der blauen Fläche?

2

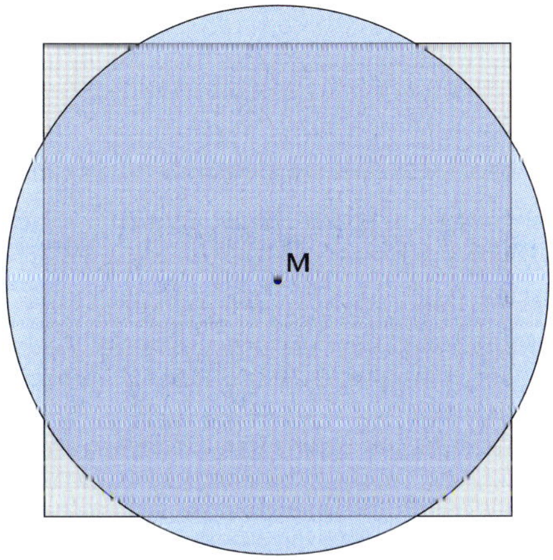

Welche Fläche ist größer – die Kreisfläche oder die Quadratfläche?
Beide haben denselben Mittelpunkt M.
Für alle vier Seiten des Quadrates gilt:
60 % der Seitenlänge liegen innerhalb des Kreises.

1 Mathematische Begriffe: **Flächen**
Strecken

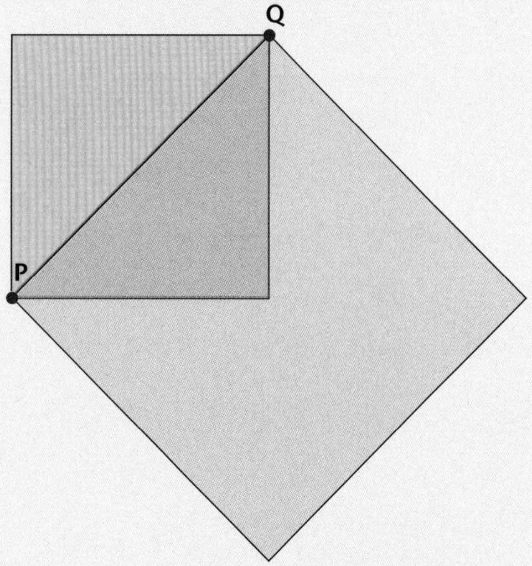

Lösung: siehe Abbildung

Erklärung/Rechenweg:
Das kleinste Quadrat hat die Strecke von P nach Q als Diagonale; das größte Quadrat hat diese Strecke als Seitenlinie.

2 Mathematische Begriffe: **Kreisbogen; Mittelpunktswinkel; Kosinussatz; Satz des Pythagoras**

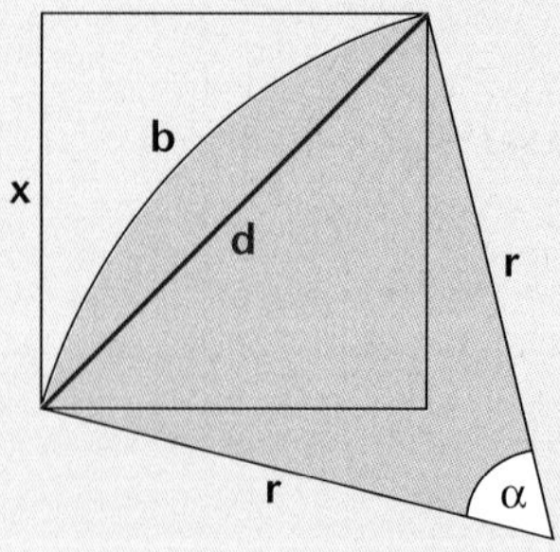

Lösung: Die Seite des Quadrates ist $x \approx 3{,}31$ cm.

Erklärung/Rechenweg:
Zunächst lässt sich mit den gegebenen Größen b (Bogen) und r (Radius) der Winkel α berechnen.
Dann kann man mit dem Kosinussatz die Diagonale d bestimmen und anschließend die Seitenlänge x.

1. Berechnung von α: $b = \frac{\alpha}{360^\circ} \cdot \pi \cdot 2 \cdot r$

$\Leftrightarrow \quad 5 = \frac{\alpha}{360^\circ} \cdot \pi \cdot 2 \cdot 4 \quad \Leftrightarrow \quad \alpha = \frac{5 \cdot 360^\circ}{\pi \cdot 2 \cdot 4} \approx 71{,}62^\circ$

2. Berechnung von d mithilfe des Kosinussatzes:

$d^2 = r^2 + r^2 - 2 \cdot r \cdot r \cdot \cos\alpha$

$\Leftrightarrow \quad d^2 = 4^2 + 4^2 - 2 \cdot 4 \cdot 4 \cdot \cos 71{,}62^\circ \quad \Leftrightarrow \quad d^2 \approx 21{,}91$

$\Leftrightarrow \quad d \approx 4{,}68$

3. Berechnung von x mithilfe des Satzes des Pythagoras:

$x^2 + x^2 = d^2 \quad \Leftrightarrow \quad 2x^2 \approx 21{,}91 \quad \Leftrightarrow$

$x^2 \approx 10{,}955 \quad \Leftrightarrow \quad x \approx 3{,}31$

1 Mathematischer Begriff: Kreisberechnung

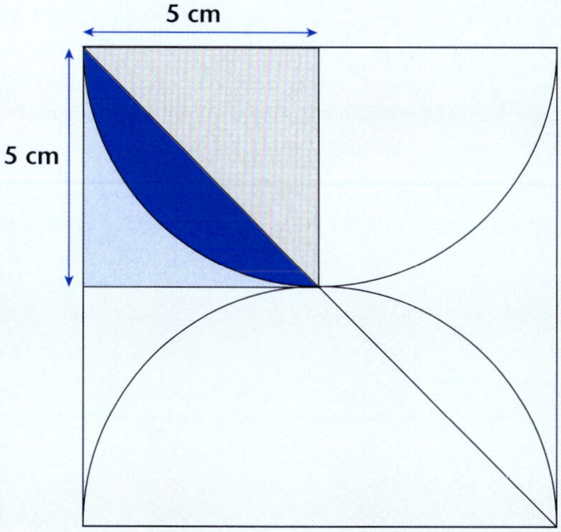

Lösung: Die dunkelblaue Fläche hat eine Größe von $A \approx 7{,}135\ cm^2$.

Erklärung/Rechenweg:
In dem farbig eingezeichneten Quadrat ist zu erkennen, dass sich die dunkelblaue Fläche A errechnen lässt, indem man von dem Viertelkreis das graue Dreieck subtrahiert.

$$A_{Viertelkreis} = \frac{1}{4} \cdot \pi \cdot 5^2 \approx 19{,}635$$

$$A_{Dreieck} = \frac{5 \cdot 5}{2} = 12{,}5$$

$$A = A_{Viertelkreis} - A_{Dreieck} \approx 7{,}135$$

2 Mathematischer Begriff: Kreisberechnung

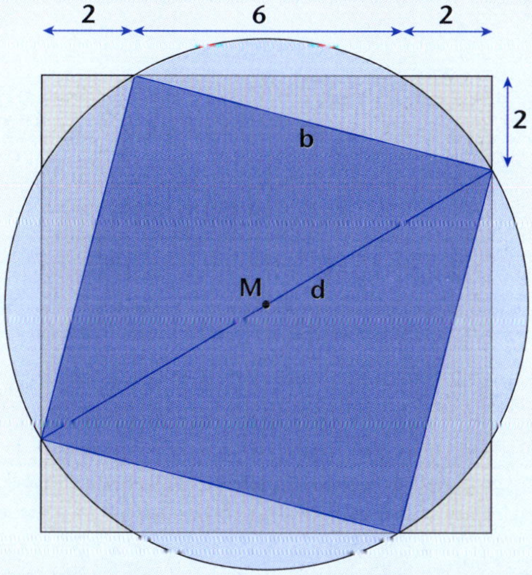

Lösung: Der Kreis ist um $\approx 6{,}78\,\%$ größer als das Quadrat.

Erklärung/Rechenweg:
Die Teilstrecken der Quadratseite werden vom Kreis gebildet: 20 %, 60 % und 20 %. Man darf als Längen also 2, 6 und 2 wählen. Das eingezeichnete „gekippte" innere Quadrat hat eine Diagonale d, die so groß ist wie der Durchmesser des Kreises. Mithilfe von b kann man diese Diagonale d berechnen.

Die Seitenlänge b dieses Quadrates lässt sich mit dem Satz des Pythagoras berechnen:
$b^2 = 2^2 + 8^2 = 68 \quad \Leftrightarrow \quad b = \sqrt{68} \approx 8{,}246$
Jetzt gilt: $d^2 = b^2 + b^2 = 68 + 68 = 136 \quad \Leftrightarrow \quad d = \sqrt{136} \approx 11{,}66$
Der Kreis hat den Radius $r \approx 5{,}83$ und die Fläche
$A_{Kreis} = \pi \cdot r^2 \approx \pi \cdot 5{,}83^2 \approx 106{,}78$. Das Quadrat ist $A_{Quadrat} = 10^2 = 100$

Der Kreis ist um $6{,}78\ cm^2$ größer als das Quadrat. $\frac{6{,}78\ cm^2}{100\ cm^2} = 6{,}78\%$

1

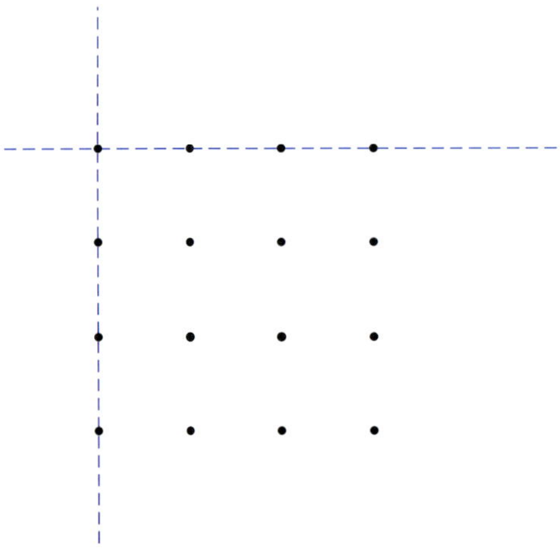

Die 16 Punkte liegen alle auf zueinander parallelen oder senkrechten Geraden.

Wie viele verschiedene Quadratgrößen lassen sich einzeichnen, wenn die vorgegebenen Punkte die Eckpunkte der Quadrate sind?

2

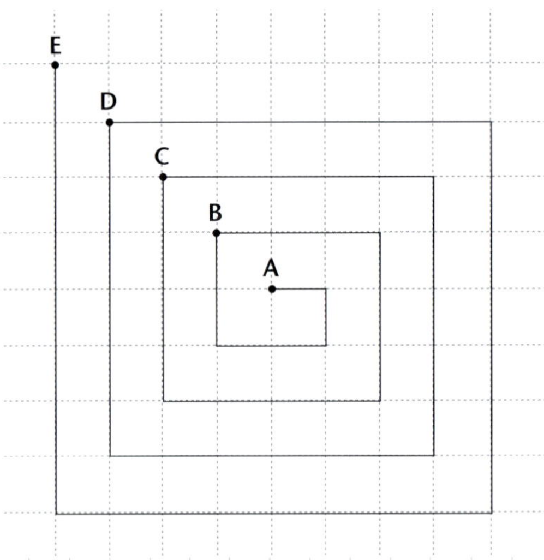

Nach wie vielen Umläufen ist diese Spirale zum ersten Mal größer als 1 km?

Mit „Umlauf" ist der Weg von A nach B, dann der nächste Umlauf von B nach C, usw. gemeint.

[1 kleines Quadrat soll 1 cm^2 groß sein.]

1

1. 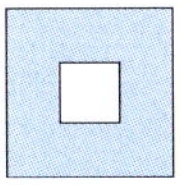

2. 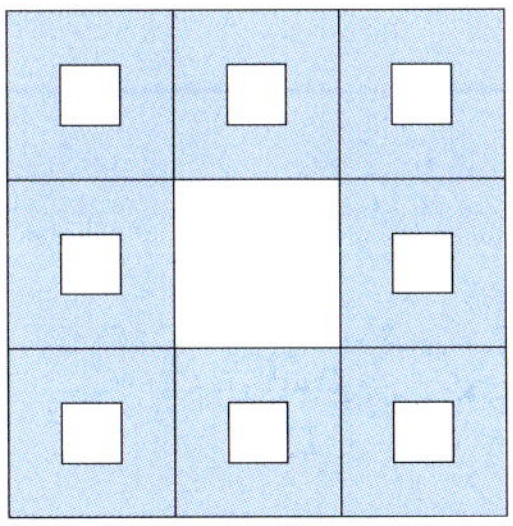

3. 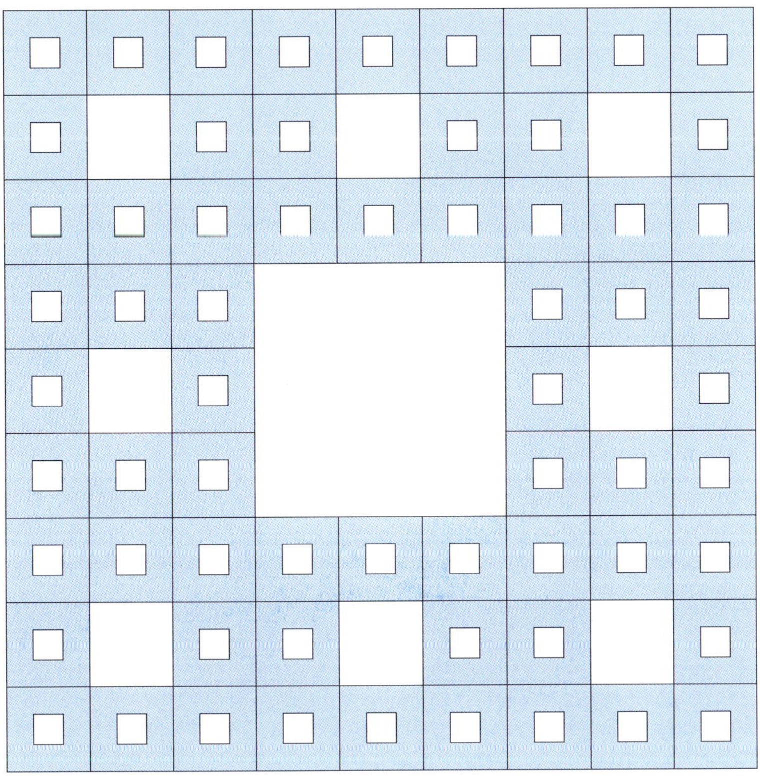

Das Ausgangsquadrat hat eine Seitenlänge von 3 cm. Das Loch in der Mitte ist 1 cm^2 groß.

Es entstehen nun stets neue „Lochquadrate" nach demselben Prinzip.

Wie groß ist die blaue Fläche des „Lochquadrates" beim 8. Feld?

❶ Mathematische Begriffe: **Kombinieren** **kongruent**

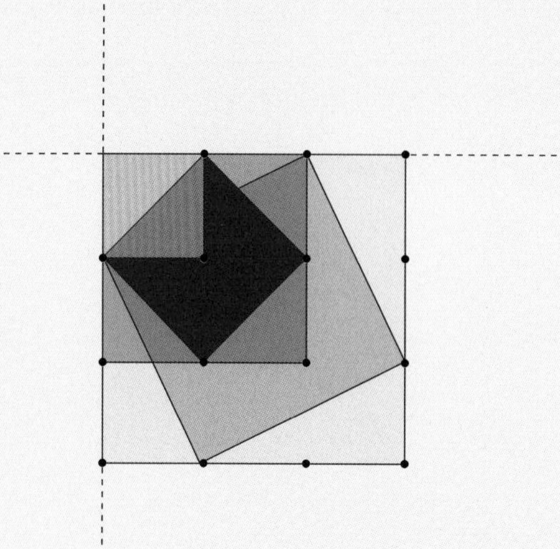

Lösung:

Es gibt 5 verschiedene Quadratgrößen.

Erklärung/Rechenweg:

Man übersieht leicht die beiden Quadrate, die „schräg“ in das Punktemuster gezeichnet werden können.

❷ Mathematische Begriffe: **Kombinieren** **quadratische Gleichung**

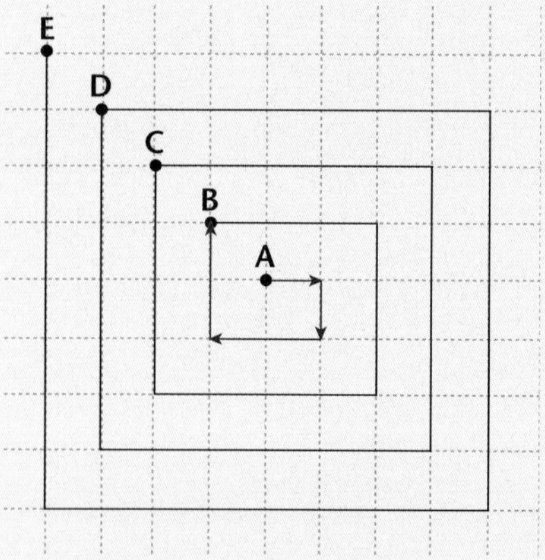

Lösung: Nach 158 Umläufen ist die Gesamtlänge der Spirale zum ersten Mal größer als 1 km.

Erklärung/Rechenweg:

Es ist günstig, in einer Tabelle zu notieren, wie sich die Spirale schrittweise in der Umlauflänge und damit in ihrer Gesamtlänge verändert; eine Umlauflänge führt von A nach B, usw.:

Umläufe	1	2	3	4	5	6	7	x
Länge des Umlaufs	6	14	22	30	38	46	54	$8x - 2$
Gesamtlänge	6	20	42	72	110	156	210	$4x^2 + 2x$

Es bleibt zu beantworten, wann der Term, der für die Gesamtlänge steht, die 100 000 cm erreicht bzw. überschreitet.

$$4x^2 + 2x = 100\,000 \quad \Leftrightarrow \quad x^2 + 0{,}5x - 25\,000 = 0$$

$$\Leftrightarrow \quad x_1 = -0{,}25 + \sqrt{(-0{,}25)^2 + 25\,000} \approx 157{,}86$$

$$x_2 = -0{,}25 - \sqrt{(-0{,}25)^2 + 25\,000} \approx -158{,}36$$

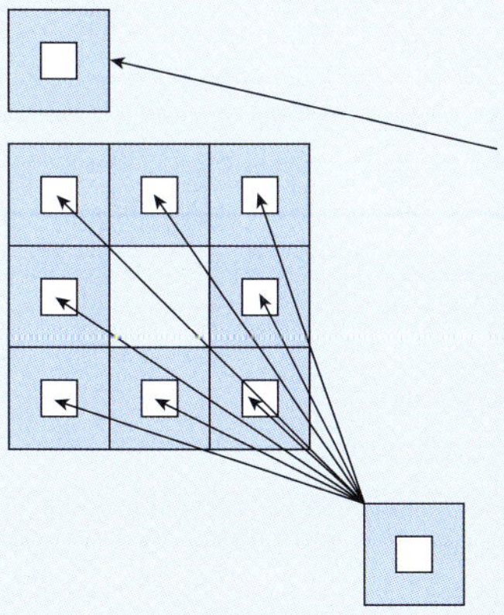

Lösung: Das 8. Feld hat die Größe 16 777 216 cm^2.

Erklärung/Rechenweg:
Dieser „Baustein“ hat den Flächeninhalt $A_1 = 8\ cm^2$.
Der äußere Rahmen ist $3\ cm \cdot 3\ cm = 9\ cm^2$ und das innere Quadrat ist $1\ cm^2$.

Das nächste „Lochquadrat“ besteht aus genau 8 dieser „Bausteine“ und hat demnach den Flächeninhalt $A_2 = 8 \cdot A_1 = 64\ cm^2$.
Beim nächsten Schritt ist es wieder genauso:
Das nächste Element besteht wieder aus 8 Vorgängerelementen.
$A_3 = 8 \cdot A_2$ oder $A_3 = 8 \cdot 8 \cdot A_1$;
da A_1 selber $8\ cm^2$ groß ist, gilt $A_3 = 8 \cdot 8 \cdot 8 = 8^3 = 512$.
Für A_4 gilt: $A_4 = 8^4$ usw.
$A_8 = 8^8 = 16\,777\,216\ cm^2$.

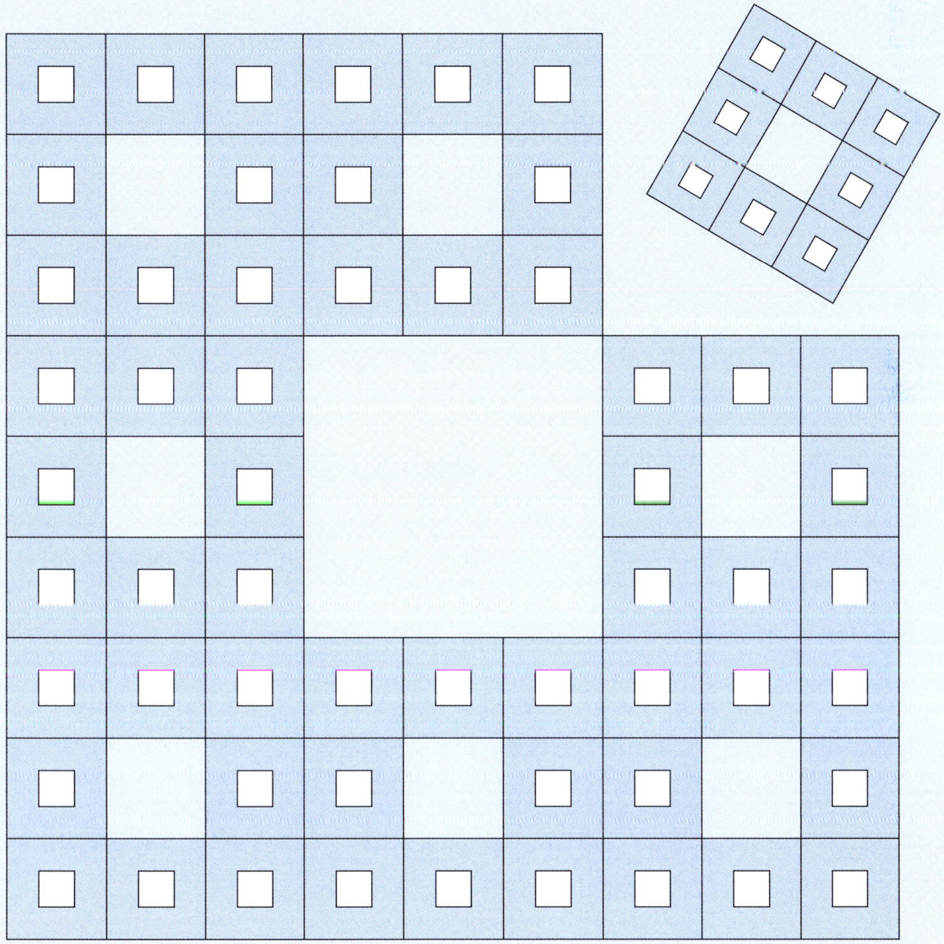

1

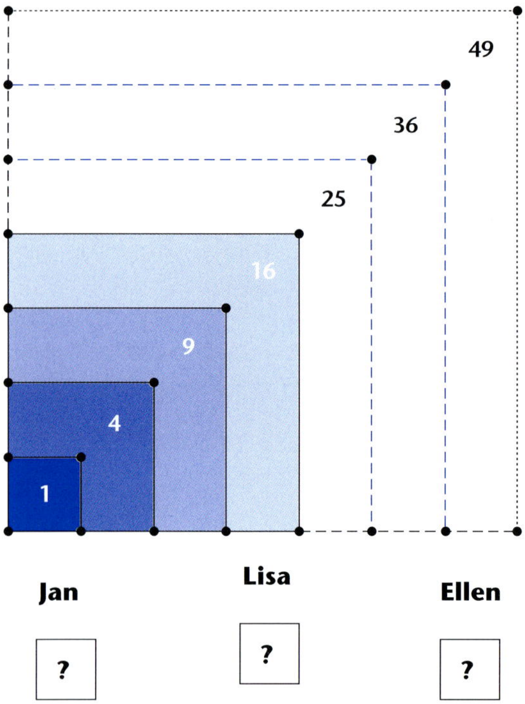

Die Zahlen 1, 4, 9, 16, 25, 36, 49, 64, … heißen Quadratzahlen.

Ellen, Lisa und Jan haben auf ihrem Rücken jeweils ein Schild mit einer Zahl.

Die Lehrerin hat die Zahlen so gewählt, dass die Summe der drei Zahlen den Wert einer Quadratzahl ergibt.

Jeder der drei sieht nur die Zahlen der beiden anderen, die eigene Zahl ist ihm unbekannt.

Lisa: „Addiert man eure beiden Zahlen, ergibt der Wert der Summe auch eine Quadratzahl!“

Jan: „Bei euch beiden ebenso!“

Ellen: „Addiert man eure beiden Zahlen, dann sind es für eine Quadratzahl entweder 5 zu wenig oder 6 zu viel.“

1

Das Fläche des Quadrates mit der Seitenlänge von 1 cm wird 24-mal um 8 % vergrößert.

Wie groß ist die neue Quadratfläche am Ende dieser Vergrößerung?

2

Wie oft müsste die Fläche des Quadrates von 1 cm Länge um 8 % vergrößert werden, damit die Fläche von Deutschland erreicht wird?

Deutschland ist ca. 357 000 km^2 groß.

Lösung: Jan: 11 Lisa: 20 Ellen: 5

Erklärung/Rechenweg:

Hier sind die ersten 12 Quadratzahlen noch einmal in einer Tabelle notiert:

x	1	2	3	4	5	6	7	8	9	10	11	12
x^2	1	4	9	16	25	36	49	64	81	100	121	144

3 5 7 9 11 13 15 17 19 21 23

Wie man sieht, wird die Differenz von einer Quadratzahl zur nächsten stets um 2 größer. Diese Tatsache ist bedeutsam; denn Ellen sieht, dass Jan und Lisa bei ihrer Summe für eine Quadratzahl entweder 5 zu wenig oder 6 zu viel haben.

Das bedeutet, dass die Summe der Zahlen der beiden zwischen 25 und 36 liegen muss, nur diese beiden Quadratzahlen haben die Differenz von 11.

6 zu viel und 5 zu wenig führt direkt zur Summe 31 für Jan und Lisa.

Da Ellens Zahl mit den Zahlen von Jan und Lisa in der Summe eine Quadratzahl ergibt, liegt die Vermutung nahe, dass Ellen eine 5 auf ihrem Schild trägt.

In der Tabelle sieht man, dass nur die Zahl 11 und die Zahl 20 – jeweils um 5 vermehrt – eine Quadratzahl ergeben; zudem ist nur $11 + 20 = 31$.

Daraus folgt für Jan und Lisa, dass sie die Zahlen 11 und 20 auf ihrem Schild tragen.

1 Mathematische Begriffe: **Exponentielles Wachstum**
Exponentialfunktion

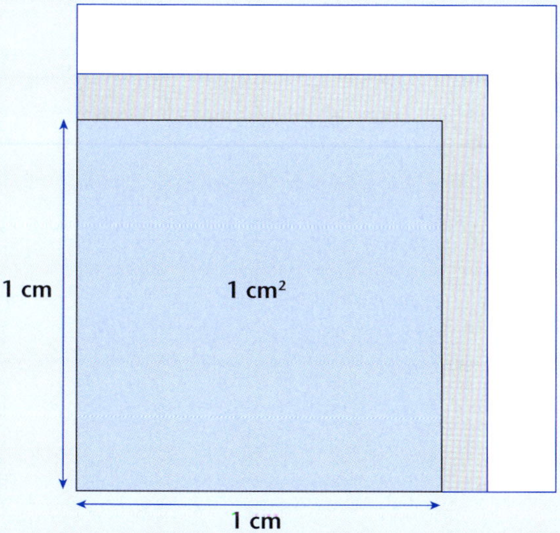

Lösung: Die Fläche des Quadrates am Ende der Vergrößerung ist 6,34 cm^2 groß.

Erklärung/Rechenweg:
Das blaue Ausgangsquadrat hat die Fläche von 1 cm^2.
Das 1. (um 8 % vergrößerte) graue Quadrat hat eine Fläche von $A_1 = 1\ cm^2 \cdot 1{,}08 = 1{,}08\ cm^2$.
(Zu dem Ausgangswert von 100 % wird der 8 %ige Vergrößerungswert addiert; man darf also direkt mit dem Faktor $1{,}08 = \frac{108}{100} =$ 108 % multiplizieren!)
Um die Fläche des 2. (wieder um 8 % vergrößerten) weißen Quadrates zu bestimmen, kann man entweder den errechneten neuen Wert wiederum mit 1,08 multiplizieren oder man multipliziert den Flächeninhalt des Ausgangsquadrates zweimal hintereinander mit diesem Faktor 1,08.
Dieser Vergrößerungsprozess wird 24-mal durchgeführt:
$A_{24} = 1\ cm^2 \cdot 1{,}08^{24} \approx 6{,}34\ cm^2$

2 Mathematische Begriffe: **Exponentielles Wachstum; Exponentialfunktion;**
Logarithmus; Flächeneinheiten; Potenzen

Lösung: Die Fläche von 1 cm^2 müsste 466-mal vergrößert werden, damit die Fläche Deutschlands erreicht würde.

Erklärung/Rechenweg:
Die 357 000 km^2 entsprechen einer Flächengröße von 3.570.000.000.000.000 $cm^2 = 3{,}57 \cdot 10^{15}\ cm^2$.
Es gelten die gleichen Erklärungen wie bei der Aufgabe 1 dieser Seite; nur diesmal wird nach dem Exponenten gesucht.

$A_{Deutschland} = 1 \cdot 1{,}08^x \quad \Leftrightarrow \quad 3{,}57 \cdot 10^{15} = 1 \cdot 1{,}08^x$

$\Leftrightarrow \quad 3{,}57 \cdot 10^{15} = 1{,}08^x$

$\Leftrightarrow \quad \lg 3{,}57 \cdot 10^{15} = \lg 1{,}08^x$

$\Leftrightarrow \quad \lg 3{,}57 \cdot 10^{15} = x \cdot \lg 1{,}08$

$\Leftrightarrow \quad x = \frac{\lg 3{,}57 \cdot 10^{15}}{\lg 1{,}08} \approx 465{,}3$

1

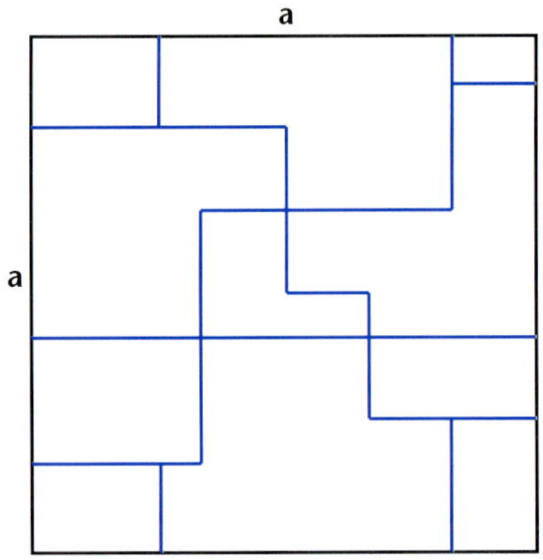

Dieses Quadrat hat die Seitenlänge a. Bestimme mithilfe von a den Term für die Gesamtlänge aller eingezeichneten blauen Linien.

2

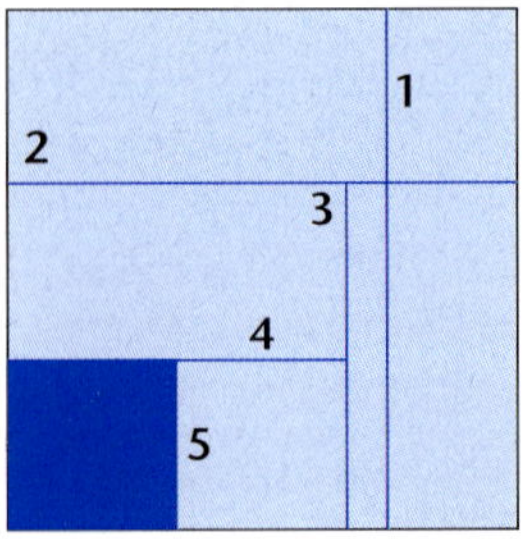

Das hellblaue (große) Quadrat mit der Seitenlänge von 1 cm wird fünfmal verkleinert.
Du siehst die blauen Schnittlinien, die parallel zu den Seiten verlaufen.
Zunächst wird das Quadrat um $\frac{1}{4}$ verkleinert; vom Rest wird $\frac{1}{3}$ abgeschnitten.
Von der verbliebenen Fläche wird $\frac{1}{8}$, danach wird die Hälfte und dann von der Restfläche noch einmal die Hälfte abgeschnitten.
Übrig bleibt das kleine dunkelblaue Quadrat.

Welche Größe hat es nach dieser „Schneiderei"?

1

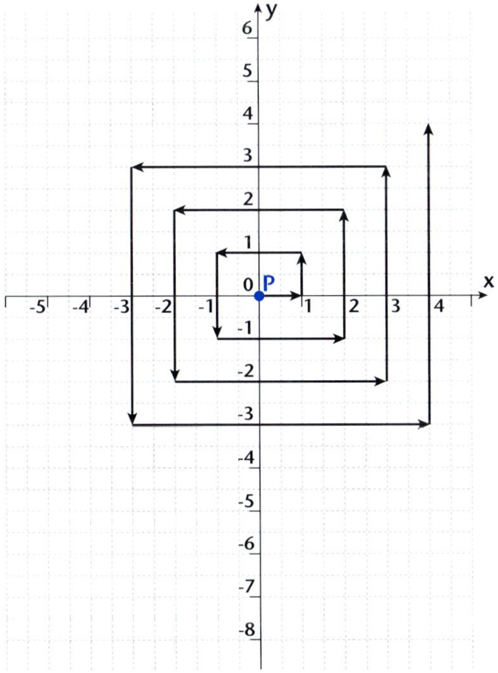

Der Punkt P bewegt sich auf dem vorgezeichneten Weg in Pfeilrichtung.
Wie lang ist der zurückgelegte Weg für den blauen Punkt, wenn er den 100. Eckpunkt erreicht hat?

In dem Koordinatensystem ist die Entfernung der 1 von der 0 genau 1 cm.

Versuche eine Formel zur Berechnung dieser Länge herauszufinden.

2

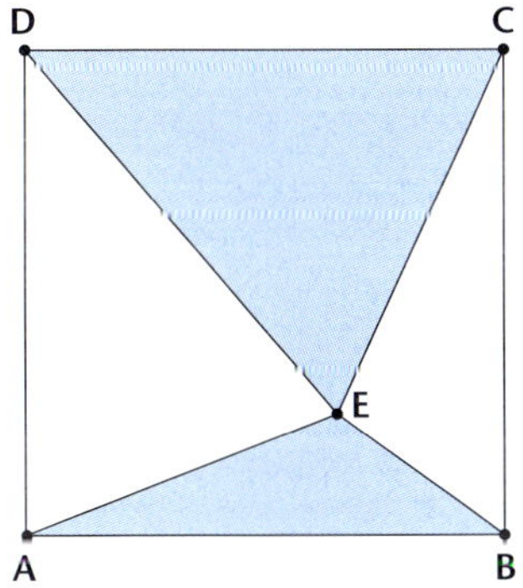

Der Punkt E bewegt sich in dem Quadrat; dadurch verändert sich jeweils die Größe der vier Teilflächen.

Beweise, dass die beiden blauen Flächen zusammen immer so groß sind wie die Summe der beiden weißen Teilflächen.

1 Mathematischer Begriff: **Strecken**

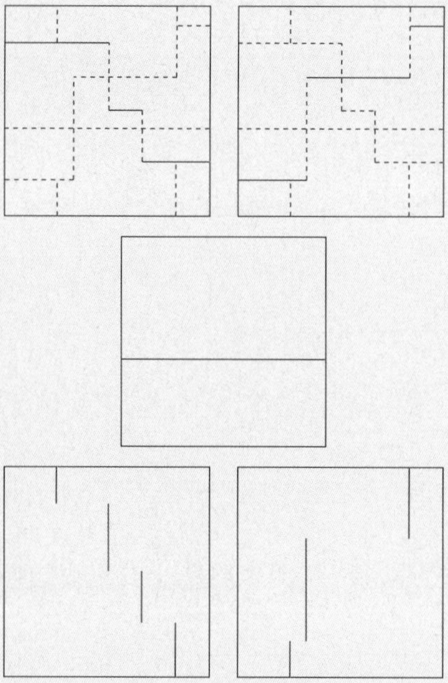

Lösung: Der Term für die Gesamtlänge aller blau eingezeichneten Linien ist 5a.

Erklärung/Rechenweg:
In den Abbildungen wird deutlich, dass sich die Teilstrecken jeweils zu der Seitenlänge a des Quadrates ergänzen.

Dies geschieht insgesamt 5-mal; also ist die Gesamtlänge $5 \cdot a$.

2 Mathematischer Begriff: **Bruchrechnung**

Lösung: Die Größe der Fläche nach der „Schneiderei" beträgt $\frac{7}{64}$ cm².

Erklärung/Rechenweg:
Das Ausgangsquadrat hat die Größe $A = 1\ cm^2$.

1. Schnitt: $\frac{1}{4}$ von $1\ cm^2 = \frac{1}{4}\ cm^2$. Es bleiben $1 - \frac{1}{4} = \frac{3}{4}\ cm^2$ übrig.

2. Schnitt: $\frac{1}{3}$ von $\frac{3}{4}\ cm^2 = \frac{3}{12}\ cm^2 = \frac{1}{4}\ cm^2$. Es bleiben $\frac{3}{4} - \frac{1}{4} = \frac{2}{4} = \frac{1}{2}\ cm^2$ übrig.

3. Schnitt: $\frac{1}{8}$ von $\frac{1}{2}\ cm^2 = \frac{1}{16}\ cm^2$. Es bleiben $\frac{1}{2} - \frac{1}{16} = \frac{7}{16}\ cm^2$ übrig.

4. Schnitt: $\frac{1}{2}$ von $\frac{7}{16}\ cm^2 = \frac{7}{32}\ cm^2$. Es bleiben $\frac{7}{16} - \frac{7}{32} = \frac{7}{32}\ cm^2$ übrig.

5. Schnitt: $\frac{1}{2}$ von $\frac{7}{32}\ cm^2 = \frac{7}{64}\ cm^2$. Es bleiben $\frac{7}{32} - \frac{7}{64} = \frac{7}{64}\ cm^2$ übrig.

1 Mathematischer Begriff: **Quadratische Funktion**

Lösung: Der zurückgelegte Weg am 100. Punkt ist 2500 cm lang.

Erklärung/Rechenweg:
Eine geordnete Tabelle kann helfen:

Punkt x	1	2	3	4	5	6	7	8	9	10	11	12	13	14	15	16	…
Weglänge y	0	1	2	4	6	9	12	16	20	25	30	36	42	49	56	63	…

Auffällig in der Tabelle ist, dass sämtliche geraden Punktzahlen (hier blau eingefärbt) zu Quadratzahlen führen (hier grau eingefärbt). Halbiert man den x-Wert und quadriert dieses Ergebnis, dann erhält man die Länge des Weges:
Für gerade x-Werte gilt: $y = \left(\frac{1}{2}x\right)^2$; für ungerade x-Werte gilt: $y = \frac{1}{4}x^2 - \frac{1}{4}$.
Da 100 eine gerade Zahl ist, gilt für den 100. Punkt: $y = \left(\frac{1}{2} \cdot 100\right)^2 = 2500$.

2 Mathematische Begriffe: **Dreiecksberechnung; Klammerrechnung**

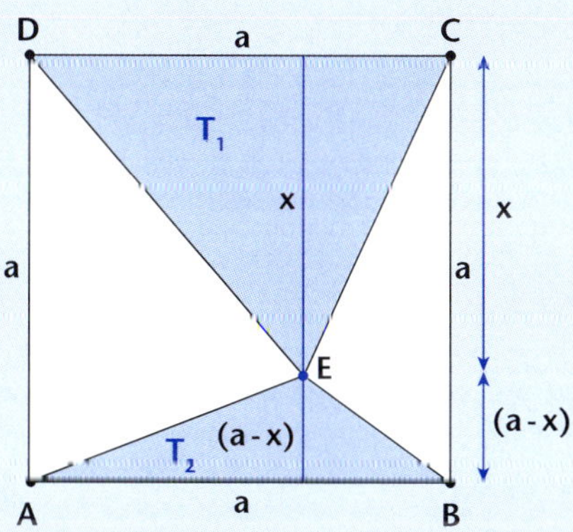

Lösung: Die beiden blauen Flächen T_1 und T_2 sind zusammen immer so groß wie die beiden weißen Teilflächen zusammen, ganz gleich, wo der Punkt E sich im Quadrat befindet.

Erklärung/Rechenweg:
Die Seitenlänge des Quadrates soll a sein; dann ist die Quadratfläche $A = a^2$.
T_1 ist ein Dreieck mit der Grundseite a und der Höhe x.
T_2 ist ein Dreieck mit der Grundseite a und der Höhe (a − x).

$T_1 = \frac{g \cdot h}{2} = \frac{a \cdot x}{2}$ $\quad T_2 = \frac{g \cdot h}{2} = \frac{a \cdot (a - x)}{2}$

Addiert man T_1 und T_2, ergibt sich die gemeinsame Fläche B: $B = \frac{a \cdot x}{2} + \frac{a \cdot (a - x)}{2}$

$\Leftrightarrow \quad 2 \cdot B = a \cdot x + a \cdot (a - x) \quad \Leftrightarrow \quad 2B = ax + a^2 - ax \quad \Leftrightarrow \quad 2B = a^2.$
Wenn 2B so groß ist wie a^2, dann ist 2B so groß wie A, das Quadrat; da die beiden blauen Teilflächen zusammen B ergeben, sind sie halb so groß wie das Ausgangsquadrat und somit genauso groß wie der Rest des Quadrates, nämlich die beiden weißen Teilflächen.
Damit ist der Beweis erbracht.

1

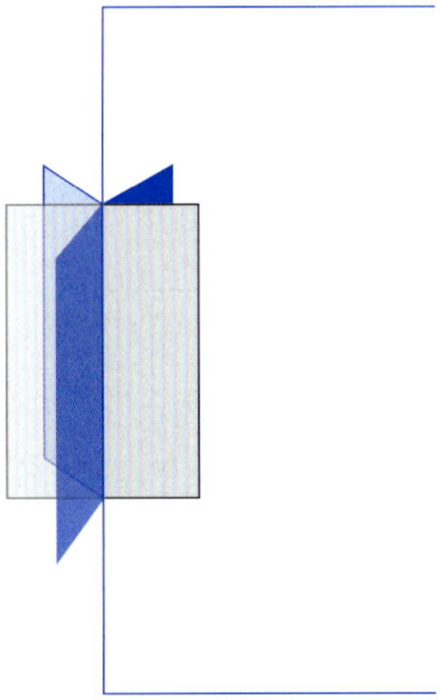

Das graue Rechteck lässt sich (wie hier abgebildet) drehen.
Es entsteht ein Rotationskörper; in diesem Fall ein Zylinder.

a)

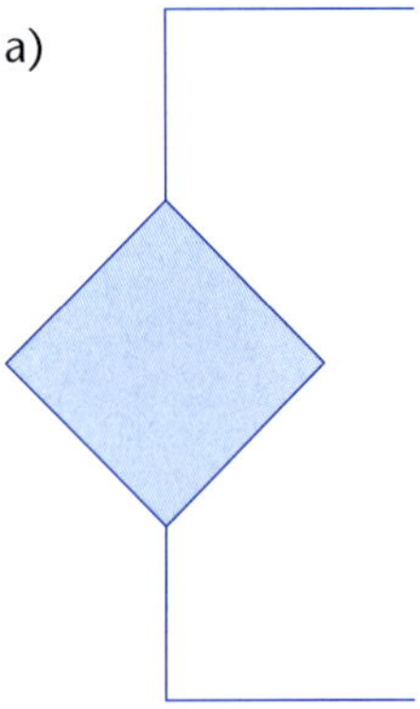

b)

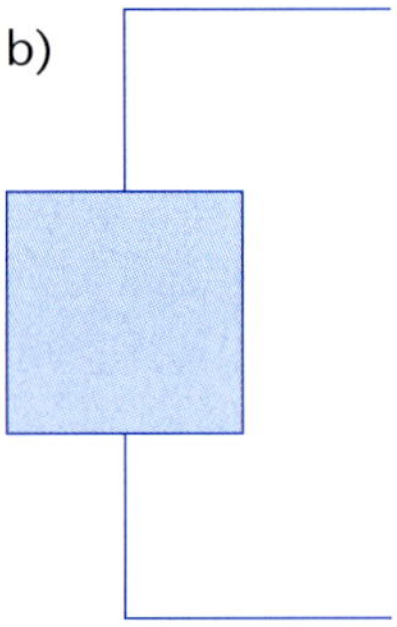

Die beiden Quadrate sind gleich groß; die Seitenlänge beträgt 10 cm.
Beide Quadrate lassen sich ebenfalls drehen.

Es entstehen wieder Rotationskörper.

Wie groß ist jeweils das Volumen der beiden entstehenden Drehkörper?

1

Die Firma „**Keramikland**" weiß durch die regelmäßig durchgeführten Qualitätskontrollen, dass ihre quadratischen Kacheln nicht immer so gut gelingen, wie es wünschenswert wäre.

Nur bei $\frac{2}{3}$ der Kacheln fällt die **Form** auch wirklich quadratisch aus, und bei 7 von 10 Kacheln sind die **Motive** mit ‚gut' zu bewerten. Die **Glasur** gelingt sogar zu 90 %. Sind alle drei Merkmale bei den Kacheln erfüllt, dann ist eine Kachel ‚hochwertig' und kann entsprechend teuer verkauft werden.
Die Firma stellt im Monat 20 000 dieser Kacheln her.
Wie viele davon werden voraussichtlich als ‚hochwertig' bezeichnet werden können?

Wie viele Kacheln missraten völlig?

1 Mathematische Begriffe: **Volumen; Kegel; Zylinder; Rotationskörper; Doppelkegel**

a)

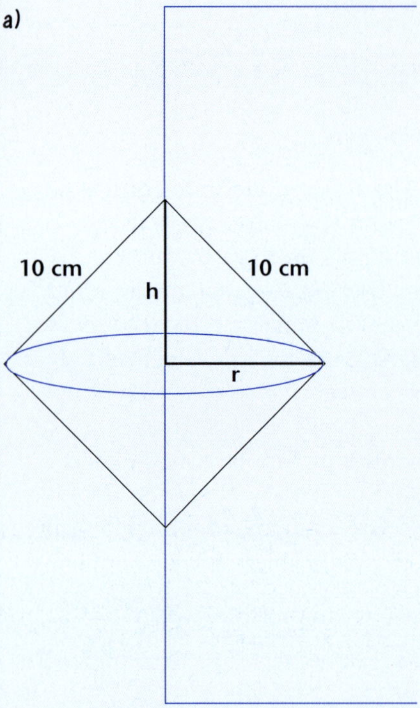

Lösung: Der Doppelkegel hat das Volumen $V \approx 740{,}37\ cm^3$.

Erklärung/Rechenweg:

In Aufgabe a) entsteht ein sogenannter „Doppelkegel" (zwei Kegel, die eine gemeinsame Grundfläche G haben).

Das Volumen des „Doppelkegels" $V_{Doppelkegel}$ ist doppelt so groß wie das Volumen des einzelnen Kegels V: $V = \frac{1}{3} \cdot G \cdot h$

Die Höhe h des Kegels und der Radius der Grundfläche sind gleich lang; es handelt sich in beiden Fällen um die Länge der halben Diagonalen des Quadrates.

Der Radius lässt sich mit dem Satz des Pythagoras berechnen:

$10^2 = r^2 + h^2$; da $r = h$, gilt: $10^2 = r^2 + r^2$

$\Leftrightarrow \quad 100 = 2r^2 \quad \Leftrightarrow \quad r^2 = 50$

$r = \sqrt{50} \quad \Leftrightarrow \quad r \approx 7{,}07$

$V = \frac{1}{3} \cdot \pi \cdot r^2 \cdot h$

$\Leftrightarrow \quad V \approx \frac{1}{3} \cdot \pi \cdot 50 \cdot 7{,}07 \approx 370{,}18$

$V_{Doppelkegel} \approx 740{,}37$

b)

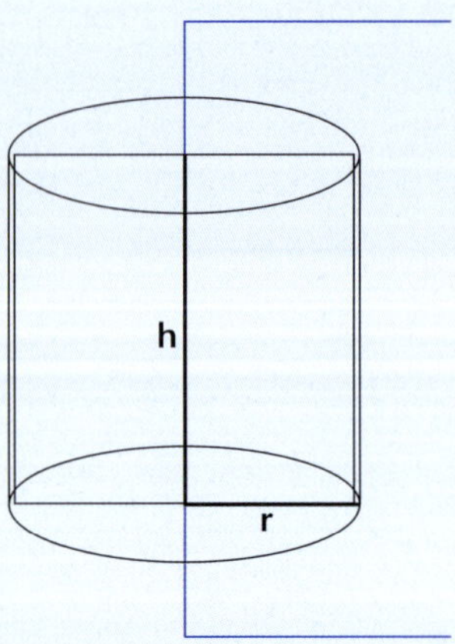

Lösung: Der Zylinder hat das Volumen $V \approx 785{,}398\ cm^3$.

Erklärung/Rechenweg:

In Aufgabe b) entsteht ein Zylinder; seine Höhe ist so lang wie das Quadrat und der Radius ist halb so groß.

$V = G \cdot h \quad \Leftrightarrow \quad V = \pi \cdot r^2 \cdot h$

$V = \pi \cdot 5^2 \cdot 10 \approx 785{,}398$

1 Mathematische Begriffe: **Baumdiagramm; Pfadmultiplikationsregel; Bruchrechnung; Prozentrechnung**

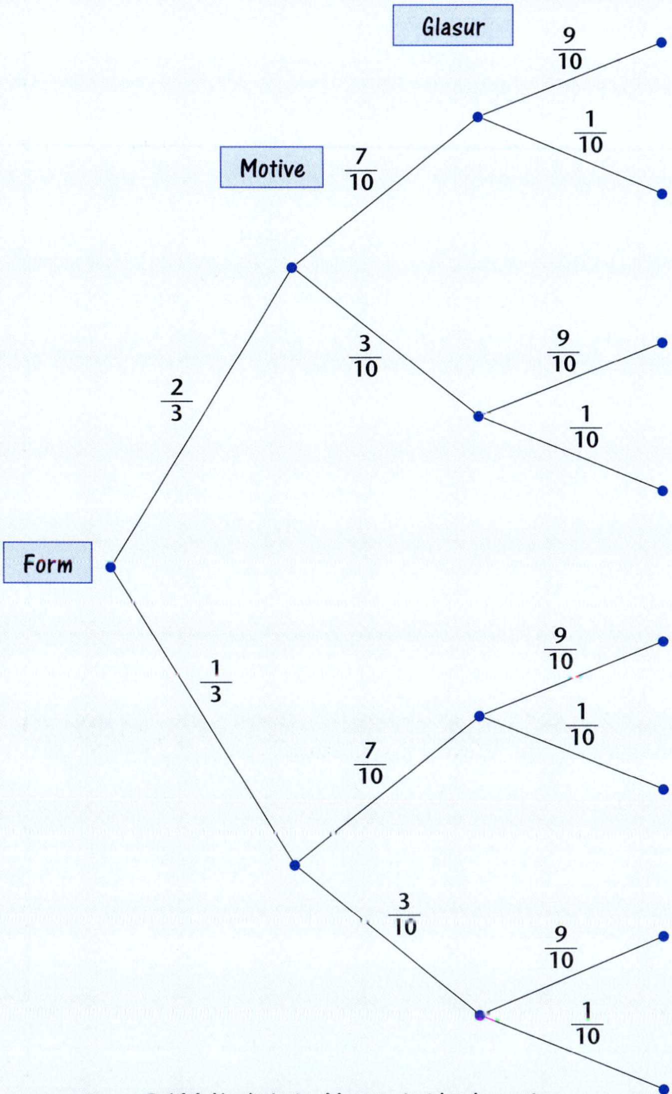

$\frac{2}{3} \cdot \frac{7}{10} \cdot \frac{9}{10} = 42\,\%$

$\frac{2}{3} \cdot \frac{7}{10} \cdot \frac{1}{10} = 4{,}7\,\%$

$\frac{2}{3} \cdot \frac{3}{10} \cdot \frac{9}{10} = 18\,\%$

$\frac{2}{3} \cdot \frac{3}{10} \cdot \frac{1}{10} = 2\,\%$

$\frac{1}{3} \cdot \frac{7}{10} \cdot \frac{9}{10} = 21\,\%$

$\frac{1}{3} \cdot \frac{7}{10} \cdot \frac{1}{10} = 2{,}3\,\%$

$\frac{1}{3} \cdot \frac{3}{10} \cdot \frac{9}{10} = 9\,\%$

$\frac{1}{3} \cdot \frac{3}{10} \cdot \frac{1}{10} = 1\,\%$

Lösung: 8 400 Kacheln im Monat sind hochwertig und 200 Kacheln misslingen gänzlich.

Erklärung/Rechenweg:
Eine gute Übersicht verschafft man sich durch ein Baumdiagramm.
Wenn alle Merkmale gut gelungen sind, dann lässt sich mithilfe der Pfadmultiplikationsregel berechnen, wie viel Prozent der Kacheln insgesamt als hochwertig bezeichnet werden dürfen: $\frac{2}{3} \cdot \frac{7}{10} \cdot \frac{9}{10} = 42\,\%$;
42 % von 20 000 Kacheln = 8 400 Kacheln.

Als völlig missraten können $\frac{1}{3} \cdot \frac{3}{10} \cdot \frac{1}{10} = 1\,\%$ der Kacheln bezeichnet werden;

1 % von 20 000 Kacheln = 200 Kacheln.

1

1 **Der Schein liegt unter den Quadraten 2 oder 3.**	**2** **Der Schein liegt unter den Quadraten 1 oder 4.**
3 **Der Schein liegt unter diesem Quadrat.**	**4** **Der Schein liegt nicht unter diesem Quadrat.**

Bei dem Quiz „Denk mal!“ mussten sehr verzwickte Fragen beantwortet werden.
Der Moderator hielt für die siegreiche Kandidatin eine nicht einfache Schlussaufgabe bereit:
„Vor Ihnen liegen 4 gleich große Quadrate. Unter einem dieser Quadrate liegt ein 500-Euro-Schein. Eines der Quadrate dürfen Sie wegnehmen; liegt der Geldschein darunter, dann gehört er Ihnen!
Die Chance, den Treffer zu landen, liegt also bei 25 %.
Ich verrate Ihnen aber, wo sich der Schein befindet: Sie müssen nur die Aufschrift der Quadrate beachten.
Allerdings ist nur eine der vier Aufschriften wahr, alle anderen sind falsch! Viel Erfolg!“

2

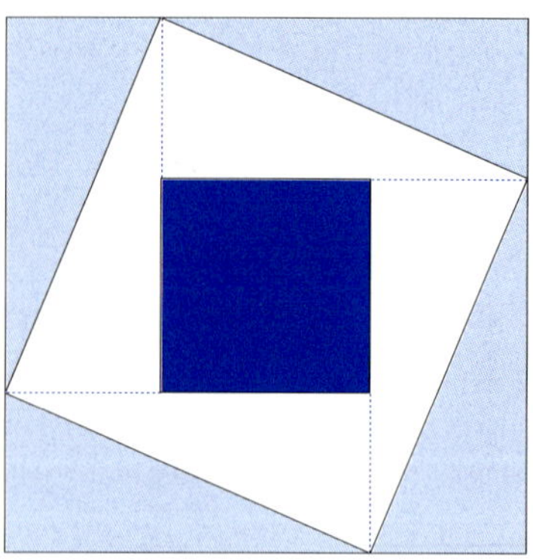

Das größte Quadrat hat einen Flächeninhalt von 16 cm^2, das kleinste von 4 cm^2.

Wie groß ist das mittlere weiße Quadrat?

1

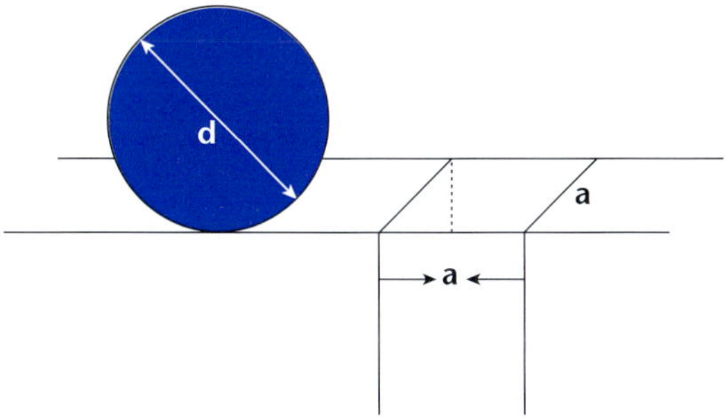

Die Kugel läuft auf ein quadratisches Loch zu.

Wie tief wird sie in das Loch hineinragen?

d = 5 cm
a = 3 cm

2

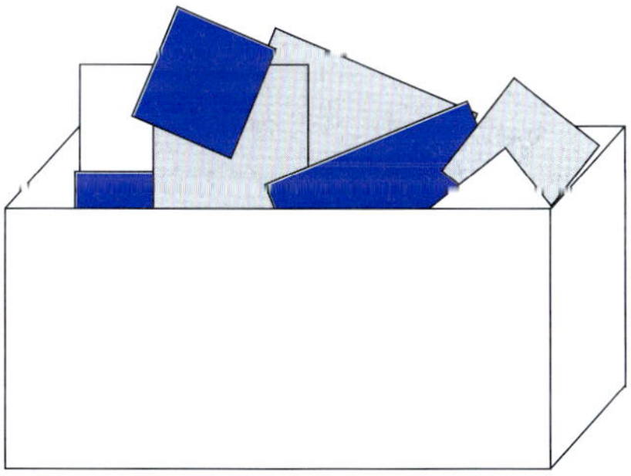

In einer Spielkiste befinden sich kleine und große Holzquadrate.

30 % aller Quadrate sind klein.
Ein Viertel aller Quadrate ist blau.
Von den kleinen Quadraten sind 80 % blau.

Welcher Anteil der großen Quadrate ist blau?

1 Mathematischer Begriff: **Logisches Argumentieren**

Lösung: Der Schein liegt unter dem Quadrat mit der Nummer 4.

Erklärung/Rechenweg:

Nehmen wir an, dass Aussage 1 wahr ist, dann müsste der Schein unter 2 oder 3 liegen. Dies ist nicht möglich, denn dann wäre die Aussage 4 ebenfalls wahr, was aber nicht sein kann.
Nehmen wir an, dass Aussage 3 wahr ist, dann muss Aussage 4 ebenfalls wahr sein, was aber nicht sein kann; umgekehrt gilt die gleiche Schlussfolgerung.
Die einzig wahre Aussage kann also nur die Aussage 2 sein.
Der Schein liegt demnach unter 1 oder 4.
Unter 1 kann er aber nicht liegen, denn dann wäre Aussage 4 ebenfalls wahr, was aber nicht sein kann.
Der Schein muss unter Quadrat 4 liegen, nur dann sind Aussagen 1, 3 und 4 falsch und die Aussage 2 ist wahr.

2 Mathematische Begriffe: **Flächen; Logisches Argumentieren; Satz des Pythagoras**

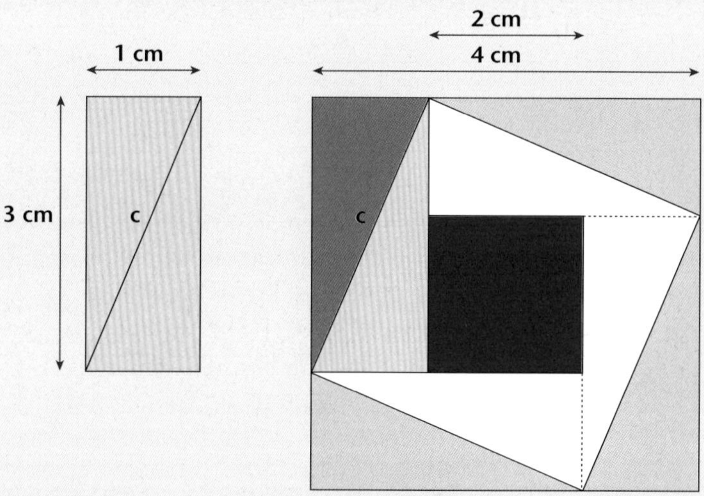

Lösung: Das mittlere weiße Quadrat hat den Flächeninhalt $A = 10\ cm^2$.

Erklärung/Rechenweg:

Man kann durch geschickte Einteilung – ohne großen Rechenaufwand – zur Lösung gelangen.
Da man die Flächeninhalte des großen und des kleinen Quadrates kennt, kennt man auch ihre Seitenlängen: 4 cm und 2 cm.
Das mittlere weiße Quadrat besteht aus 4 Dreiecken (bzw. 2 grauen Rechtecken) und dem blauen Quadrat.
Das Rechteck ist $3\ cm^2$ groß und das blaue Quadrat $4\ cm^2$; hieraus ergibt sich der Flächeninhalt $A = 2 \cdot 3\ cm^2 + 1 \cdot 4\ cm^2 = 10\ cm^2$ für das mittlere Quadrat.
Man könnte auch mit dem Satz des Pythagoras die Seitenlänge c des weißen Quadrates und damit den Flächeninhalt berechnen: $c^2 = 1^2 + 3^2 = 10$.

Mathematische Begriffe: **Satz des Pythagoras**
Raumvorstellung

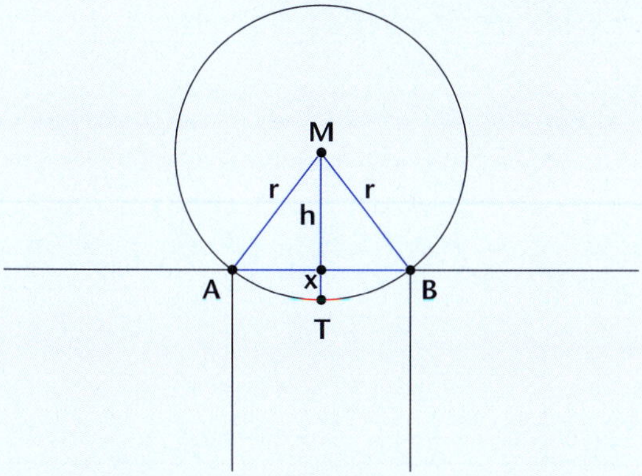

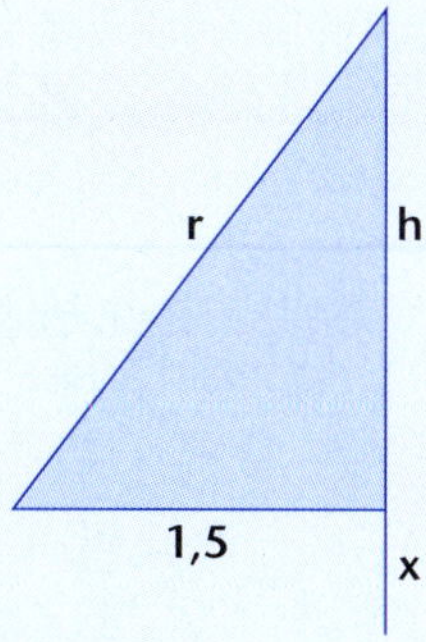

Lösung: Die Kugel ragt 0,5 cm tief in das Loch hinein.

Erklärung/Rechenweg:
Gesucht wird die Strecke x, denn sie gibt an, wie weit die Kugel in das Loch ragt.
Man sieht in der Zeichnung, dass die Strecke von M bis T einerseits so lang ist wie der Radius der Kugel, andererseits so lang ist wie die Strecken h und x zusammen. Es gilt: $r = h + x$
Wenn es also gelingt, die Länge für die Strecke h zu berechnen, dann ist die Aufgabe gelöst; mit dem Satz des Pythagoras kann dies geschehen:
$r^2 = h^2 + 1{,}5^2 \quad \Leftrightarrow \quad 2{,}5^2 = h^2 + 1{,}5^2 \quad \Leftrightarrow \quad h^2 = 2{,}5^2 - 1{,}5^2$
$\Leftrightarrow \quad h^2 = 6{,}25 - 2{,}25 = 4 \quad \Leftrightarrow \quad h = 2.$
Da $r = h + x$ gilt, bedeutet dies für die gesuchte Strecke x: $x = r - h = 0{,}5.$

2 Mathematische Begriffe: **Baumdiagramm; Pfadmultiplikationsregel; Pfadadditionsregel; Prozentrechnung**

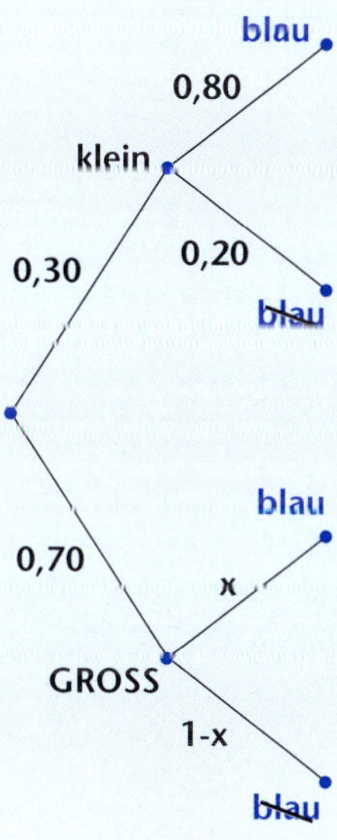

Lösung: $\frac{1}{70}$ oder 1,43 % der großen Quadrate sind blau.

Erklärung/Rechenweg:
Dieses Baumdiagramm hilft, die in der gestellten Aufgabe formulierten Sätze übersichtlich zu ordnen. Es gilt die Pfadmultiplikationsregel!

$\frac{1}{4} = 25\,\%$ aller Quadrate sind blau; also

$0{,}7 \cdot x + 0{,}3 \cdot 0{,}8 = 0{,}25$
$0{,}7 \cdot x + 0{,}24 = 0{,}25 \quad \Leftrightarrow \quad 0{,}7x = 0{,}01$
$\Leftrightarrow \quad x \approx 0{,}0143 \quad \Leftrightarrow \quad x \approx 1{,}43\,\%$

Es ließen sich noch viele weitere Fragen mit dem Baumdiagramm beantworten.

1

Die Schüsseln mit den quadratischen Gewichten sind unterschiedlich schwer;
A ist schwerer als B und B ist schwerer als C.
Wo muss D eingeordnet werden, wenn die kleinen farbigen Quadrate bei gleicher Farbe auch gleich schwer sind?

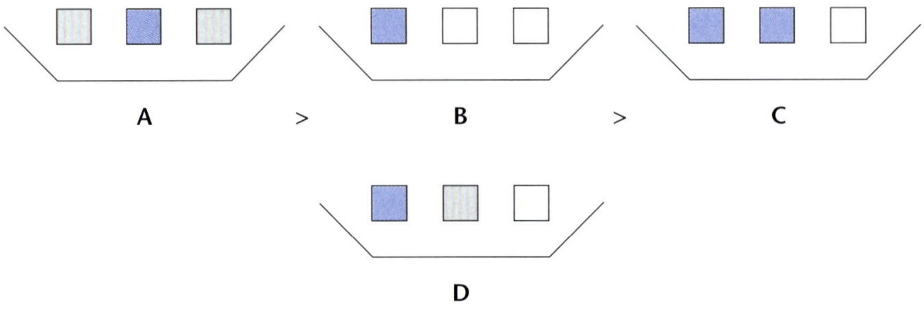

2

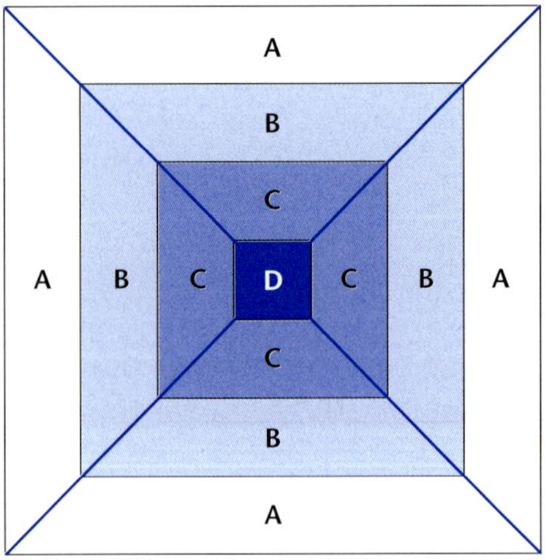

Du siehst hier eine Zielscheibe, die aus vier Quadraten aufgebaut ist. Alle Seitenabstände betragen 10 cm, so lang ist auch das innere kleine Quadrat D.
Julian hat seinen Pfeil geworfen und das Feld B getroffen; dafür erhält er 15 Punkte.
Leider sind die anderen Punktwerte nicht mehr lesbar.
Aber man weiß, dass die zu erreichende Punktzahl für die Felder A, B, C und D umgekehrt proportional zum Flächeninhalt der Felder ist.
Welche Punktzahlen werden für die Felder A, C und D vergeben?

1

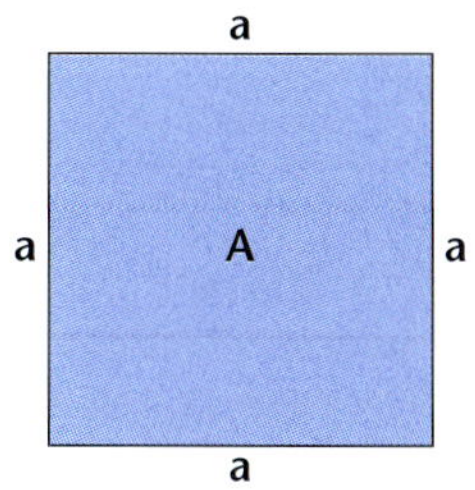

Die Länge der Quadratseite ist a.
Wie verändert sich der Term für den **Umfang u**, wenn man die Seite um x vergrößert?

2

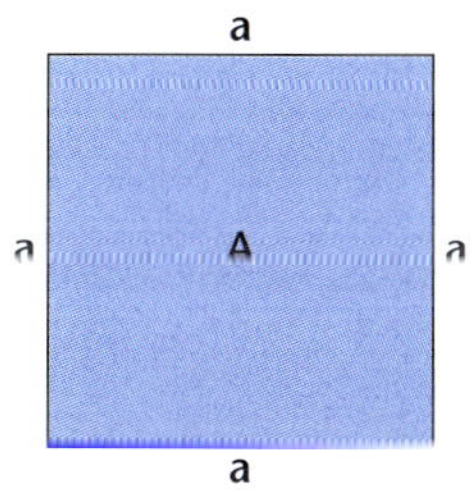

Die Länge der Quadratseite ist a.
Wie verändert sich der Term für den **Flächeninhalt A**, wenn man die Seite um x vergrößert?

1 Mathematische Begriffe: **äquivalent** **Ungleichung**

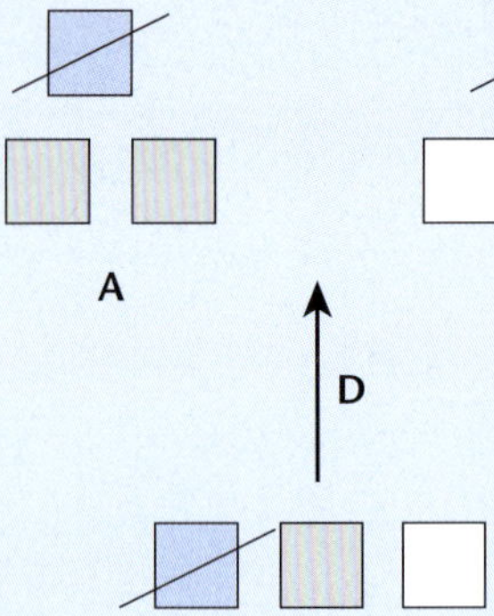

Lösung: D muss zwischen A und B eingeordnet werden.

Erklärung/Rechenweg:

In allen vier Schüsseln befindet sich ein blaues Quadrat; dieses blaue Quadrat kann man aus allen Schüsseln herausnehmen, ohne dass sich an den Gewichtsverhältnissen etwas ändert.

Ein graues Quadrat muss schwerer sein als ein weißes, denn A mit den beiden grauen Quadraten ist schwerer als B mit den beiden weißen.

Das graue und das weiße Quadrat zusammen müssen also schwerer sein als B und gleichzeitig leichter als A.

2 Mathematischer Begriff: **umgekehrt proportional**

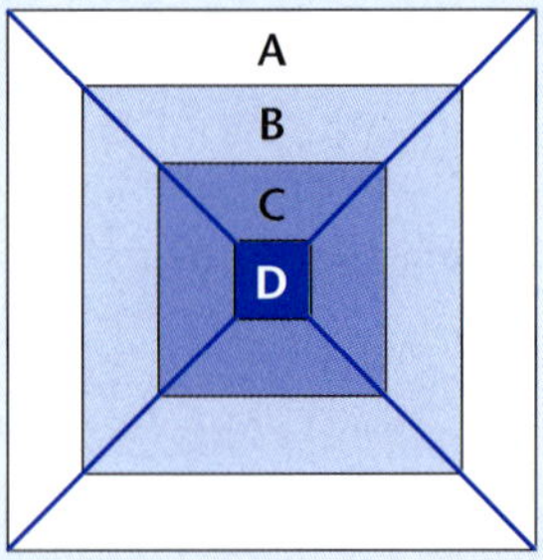

Lösung:

Feld A	Feld B	Feld C	Feld D
10 Punkte	15 Punkte	30 Punkte	240 Punkte

Erklärung/Rechenweg:

Flächeninhalte der Felder:

Feld A	Feld B	Feld C	Feld D
2400 cm^2	1600 cm^2	800 cm^2	100 cm^2

Der Flächeninhalt von B beträgt 1600 cm^2; Julian trifft dieses Feld und erhält dafür 15 Punkte.
Das Feld C ist halb so groß wie das Feld B, also erhält man doppelt so viele Punkte, nämlich 30.

Das Feld A ist 3-mal so groß wie das Feld C, also erhält man auch nur $\frac{1}{3}$ der Punktzahl von Feld C, nämlich 10.

Feld D ist $\frac{1}{8}$ des Feldes von C, also erhält man 8-mal so viele Punkte, nämlich 240.

Multipliziert man die Punktzahlen mit den Flächenzahlen der Felder, erhält man stets den Wert 24 000.
Eine ähnliche Überlegung, die zum Ziel führt, bezieht sich auf die Größenverhältnisse:
D = 1 C = 8 B = 16 A = 24
Julian trifft das Feld B = 16 und erhält 15 Punkte, dann gibt es für einen Treffer auf Feld C = 8 auch doppelt so viele Punkte, nämlich 30, weil es ja nur halb so groß ist wie Feld B, usw.

1 Mathematische Begriffe: **Term** **Klammerrechnung**

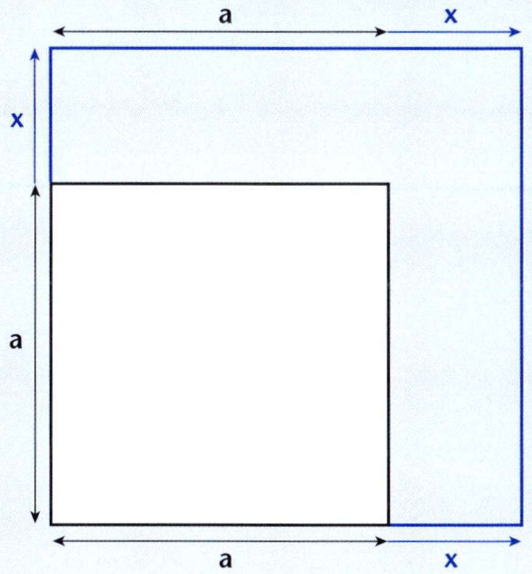

Lösung: Der Umfangsterm nimmt um $4x$ zu.

Erklärung/Rechenweg:
Der Umfang u des Ausgangsquadrates ist
$u = 4 \cdot a$.
Jede der vier Seiten a wird um den Term x vergrößert: aus a wird $a + x$.
Der Umfang vom vergrößerten Quadrat ist u_1; es gilt:
$u_1 = 4 \cdot (a + x) = 4a + 4x$.
Vergleicht man u mit u_1, dann hat sich der Umfangsterm um $4x$ vergrößert.

2 Mathematische Begriffe: **Term** **Binomische Formel**

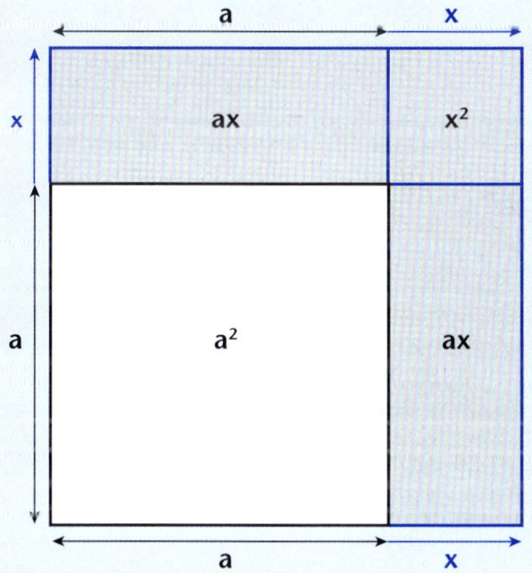

Lösung: Der Umfangsterm nimmt um $2ax + x^2$ zu.

Erklärung/Rechenweg:
Der Flächeninhalt A des Ausgangsquadrates ist
$A = a^2$.
Jede der vier Seiten a wird um den Term x vergrößert: aus a wird $a + x$.
Der Flächeninhalt vom vergrößerten Quadrat ist A_1; es gilt:
$A_1 = (a + x)^2 = a^2 + 2ax + x^2$.
Vergleicht man A mit A_1, dann hat sich der Flächenterm um $2ax + x^2$ vergrößert.

1

Ute, Uwe, Katrin und Jens werfen jeweils Pfeile auf die quadratischen Felder.
Ute erzielt 38 Punkte, Uwe 48 Punkte und Katrin 55 Punkte.
Wie viele Punkte erzielt Jens?

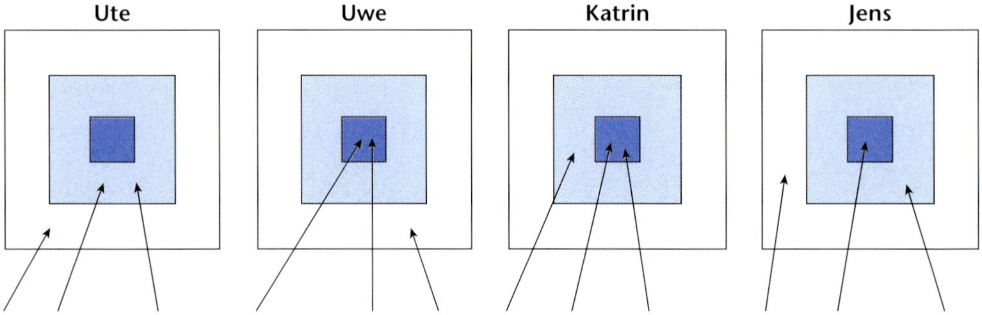

2

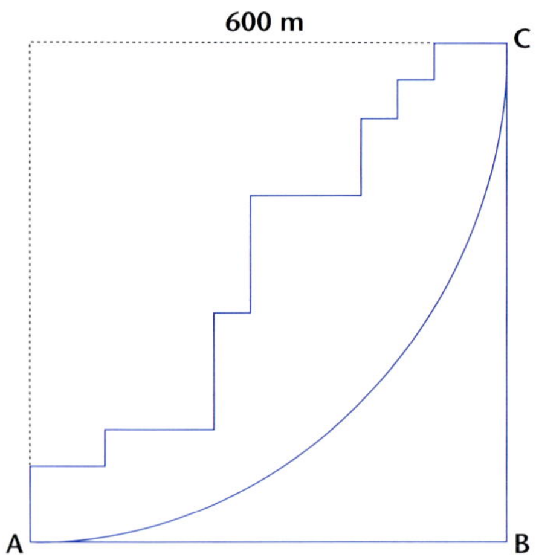

Drei verschiedene (blaue) Wege führen von A nach C.
Das Quadrat hat eine Seitenlänge von 600 m.
Die blaue „Zickzack"-Linie besteht aus lauter Teilstrecken, die parallel zu den Quadratseiten verlaufen.
Der Weg von A nach C über B ist ungefähr 258 m länger als der Weg über die „gebogene" Linie.
Was kannst du über die Länge des Weges entlang der „Zickzack"-Linie aussagen?

1

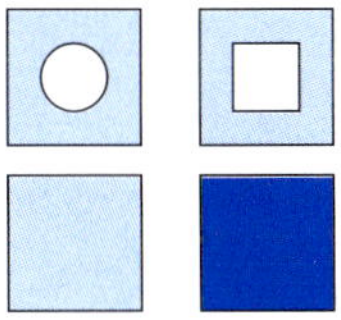

In einem Ferienhotel in der Südsee gibt es ein Hotel, in dem die Gäste ihr Geld in die hoteleigenen Münzen umtauschen müssen.

Hier sind die vier verschiedenen Münzen des Hotels abgebildet.

Bill bestellt sich ein kühles alkoholfreies frisches Getränk und zahlt an der Strand-Bar dafür

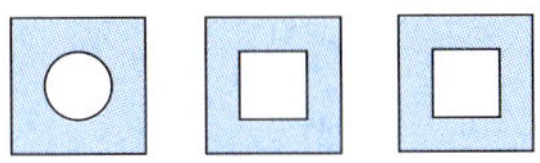 und erhält  zurück!

Bills Getränk kostet tatsächlich 1,80 €. Welchen Wert haben die 4 Münzen, wenn die folgende Aufstellung gültig ist?

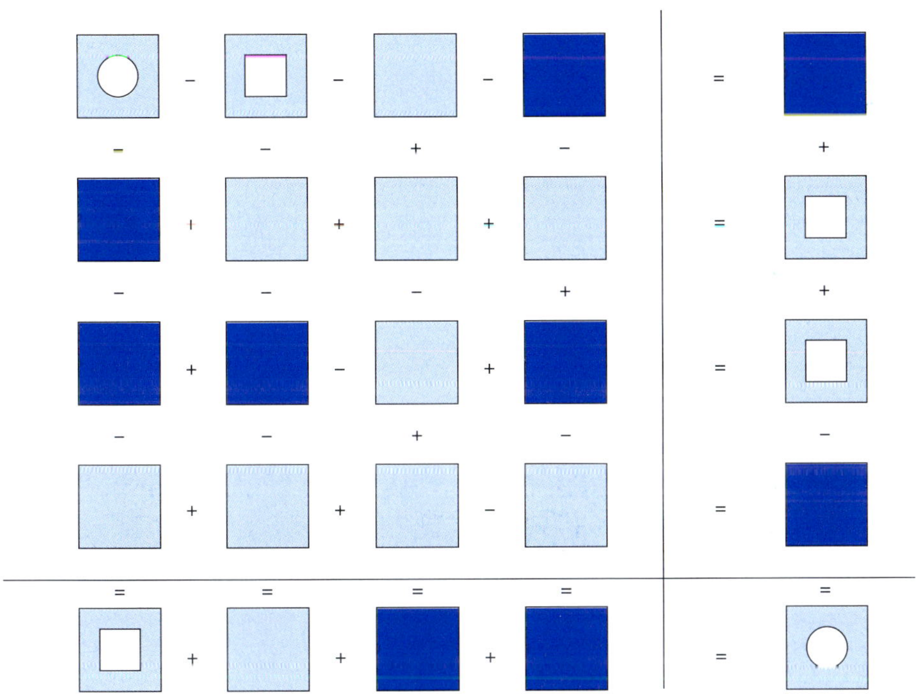

1 Mathematischer Begriff: **Lineares Gleichungssystem**

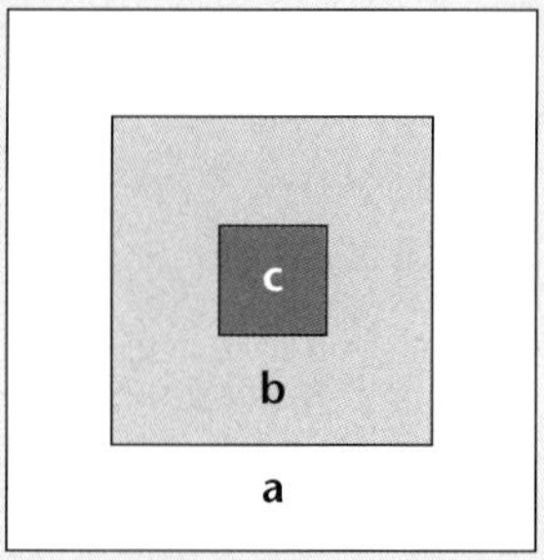

Lösung: *Jens erzielt 43 Punkte.*

Erklärung/Rechenweg:

Beim Wurf auf die Quadrate gibt es drei unterschiedliche Wertungsfelder; die Punktzahlen für die Felder sind unbekannt; nennen wir sie a, b und c (wie in der Abb.). Für die drei der Mädchen und Jungen gilt:

Ute: $1 \cdot a + 2 \cdot b = 38$ *Uwe:* $1 \cdot a + 2 \cdot c = 48$

Katrin: $1 \cdot b + 2 \cdot c = 55$

Es handelt sich hierbei um ein Gleichungssystem mit den drei Unbekannten a, b und c.

I. $a + 2b = 38$ II. $a + 2c = 48$ III. $b + 2c = 55$

$a = 38 - 2b$

$38 - 2b + 2c = 48$

Das a aus Gleichung I. wird in Gleichung II. durch den Term $38 - 2b$ *ersetzt!*

Jetzt kann man die Gleichung II. vereinfachen:

II. $38 - 2b + 2c = 48 \quad \Leftrightarrow \quad 2c = \underline{10 + 2b}$

III. $b + 2c = 55 \quad \Leftrightarrow \quad 2c = \underline{55 - b}$

Kombiniert man die Gleichung II. mit der Gleichung III.: ⇨ $10 + 2b = 55 - b$

$\Leftrightarrow \quad 3b = 45 \quad \Leftrightarrow \quad b = 15$

Setzt man $b = 15$ *in die Gleichung III. ein, erhält man für* $c = 20$.

Setzt man $b = 15$ *in die Gleichung I. ein, erhält man für* $a = 8$.

Es gibt für diese Aufgabe sehr viele verschiedene Lösungswege!

2 Mathematischer Begriff: **Abstand**

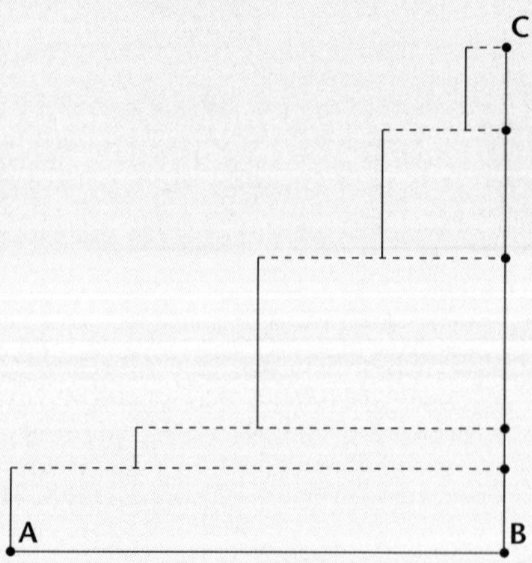

Lösung: *Die blaue „Zickzack"-Linie ist genauso lang wie der Weg von A nach C über B, also auch ungefähr 258 m länger als der Weg über die „gebogene" Linie.*

Erklärung/Rechenweg:

Alle Teilstücke der „Zickzack"-Linie sind parallel zu den Seitenlinien; die Abbildung zeigt, dass die Summe der Teilstücke der Seitenlänge des Quadrates entspricht.

1 Mathematischer Begriff: **Lineares Gleichungssystem**

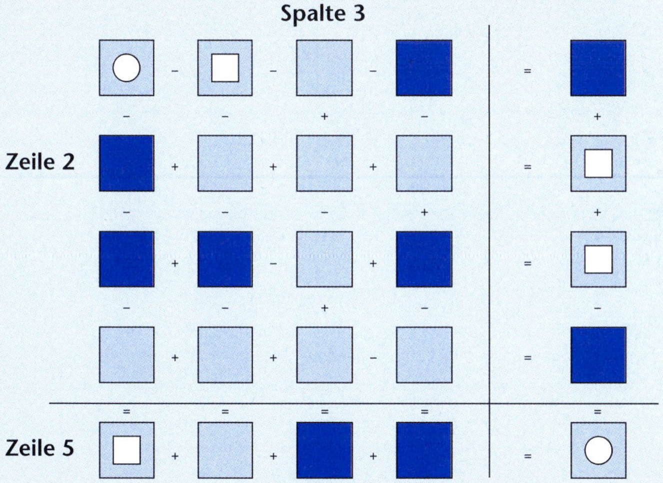

Lösung:

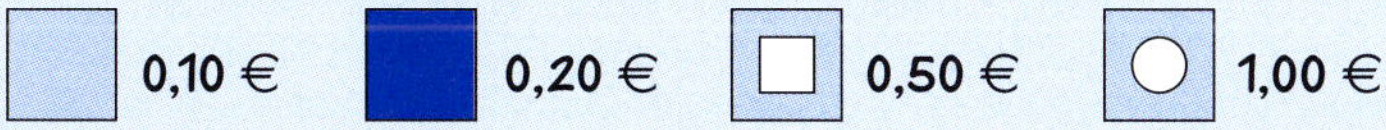

Erklärung/Rechenweg:

Um hinter das „Geheimnis" der Münzen zu kommen, gibt es viele unterschiedliche Kombinationswege: Der Schlüssel zur Lösung liegt in der Gleichung

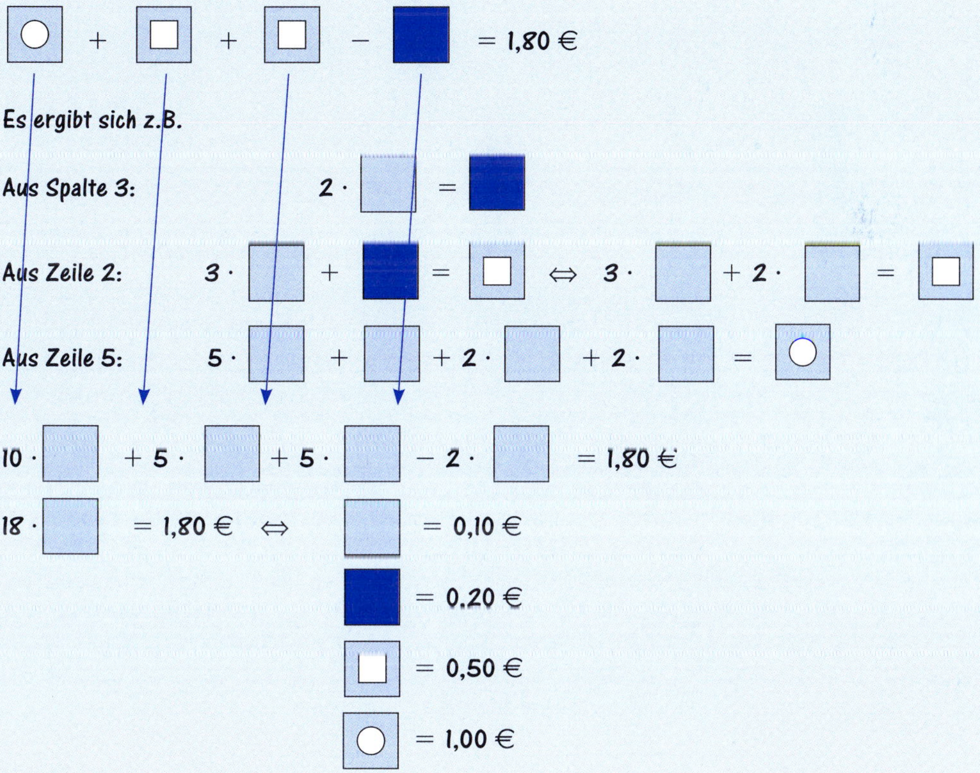

1

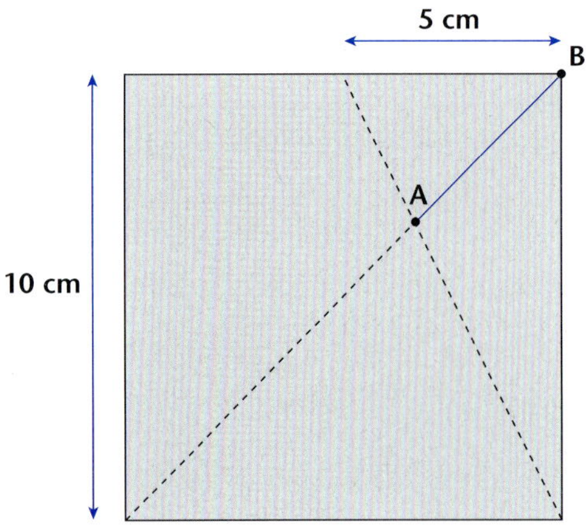

Wie lang ist die Strecke von A nach B in diesem Quadrat?

2

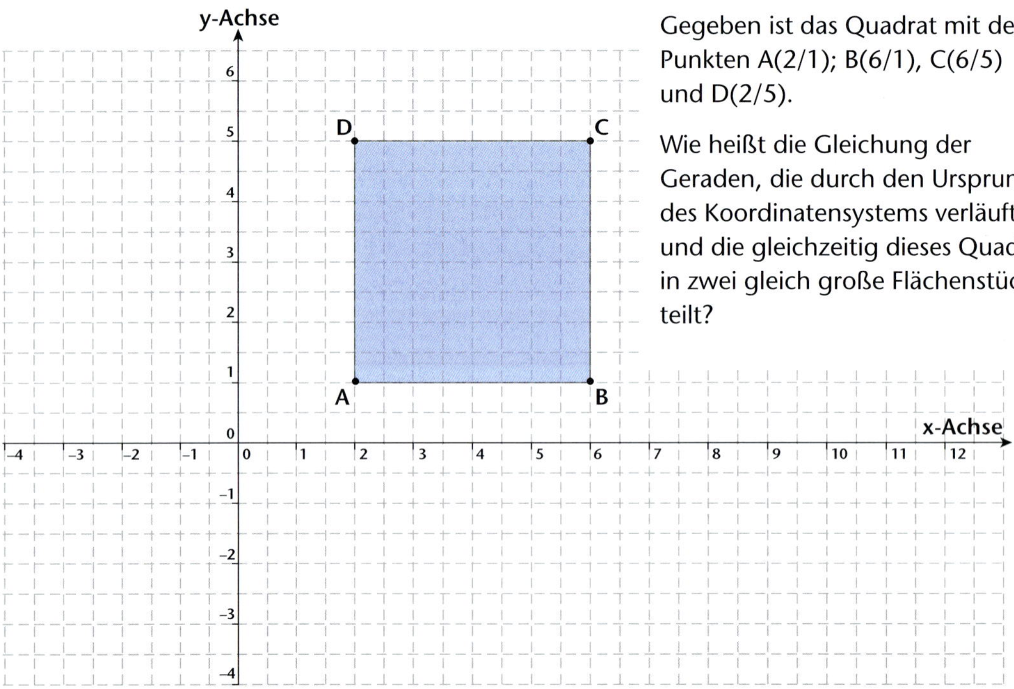

Gegeben ist das Quadrat mit den Punkten A(2/1); B(6/1), C(6/5) und D(2/5).

Wie heißt die Gleichung der Geraden, die durch den Ursprung des Koordinatensystems verläuft und die gleichzeitig dieses Quadrat in zwei gleich große Flächenstücke teilt?

1

Gesucht ist die Gleichung einer Parabel, deren Scheitel im Punkt S liegt; sie soll gleichzeitig durch die Punkte A und B des eingezeichneten Quadrates verlaufen.

Zeichne die Parabel ein und bestimme ihre Funktionsgleichung.

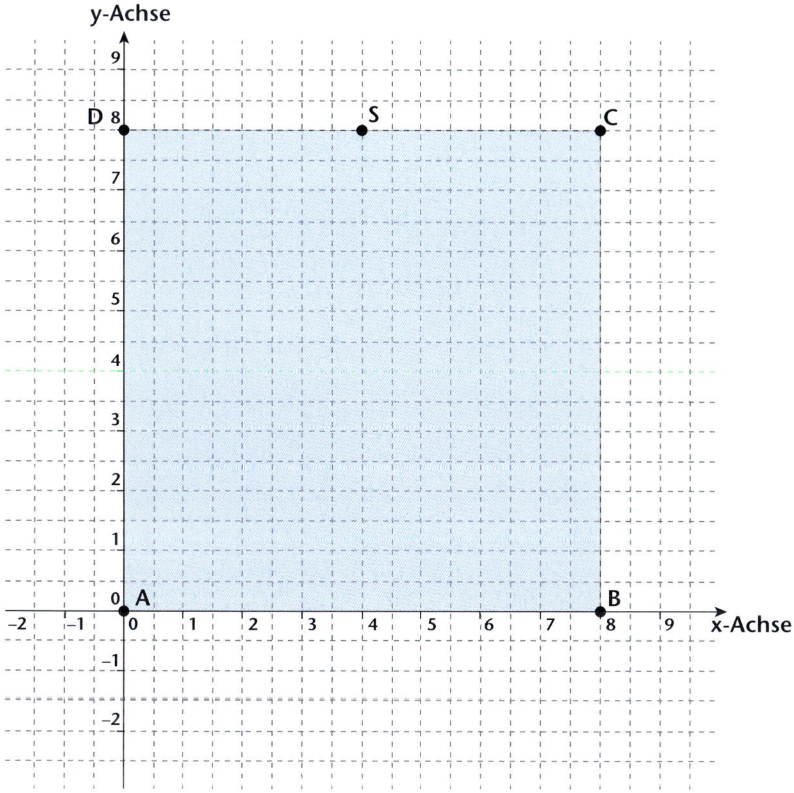

1 Mathematische Begriffe: **Strahlensätze; Ähnlichkeit; Satz des Pythagoras**

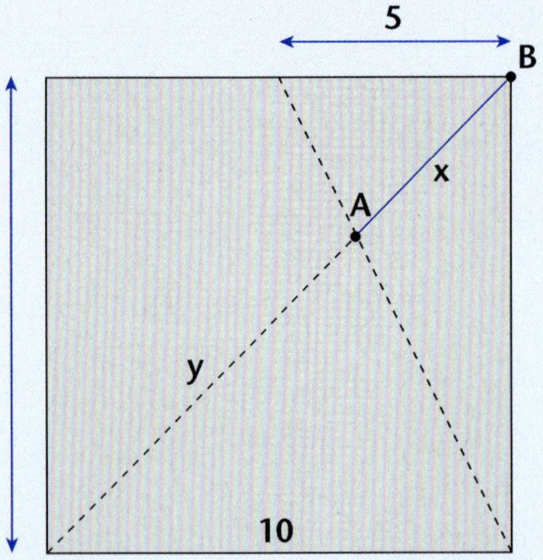

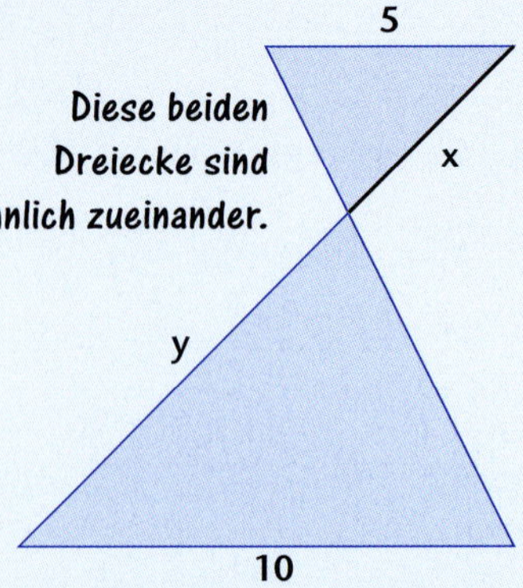

Diese beiden Dreiecke sind ähnlich zueinander.

Lösung: Die Strecke von A nach B ist $x \approx 4{,}71$ cm.

Erklärung/Rechenweg:
Mithilfe der Strahlensätze lassen sich gleiche Streckenverhältnisse finden; es gilt:

$\frac{x}{5} = \frac{y}{10} \quad \Leftrightarrow \quad 10x = 5y$

$\Leftrightarrow \quad y = 2x$

Mithilfe des Satzes von Pythagoras lässt sich die Diagonale d des Quadrates berechnen:

$d^2 = 10^2 + 10^2 \quad \Leftrightarrow \quad d^2 = 200 \quad \Leftrightarrow \quad d = \sqrt{200} \approx 14{,}14$

$d = x + y \quad \Leftrightarrow \quad d = x + 2x = 3x$

$14{,}14 \approx 3x \quad \Leftrightarrow \quad x \approx 4{,}71$

2 Mathematische Begriffe: **Lineare Funktionsgleichung Steigung**

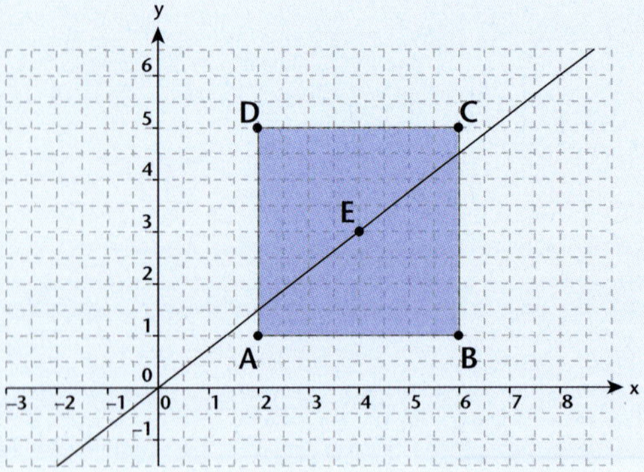

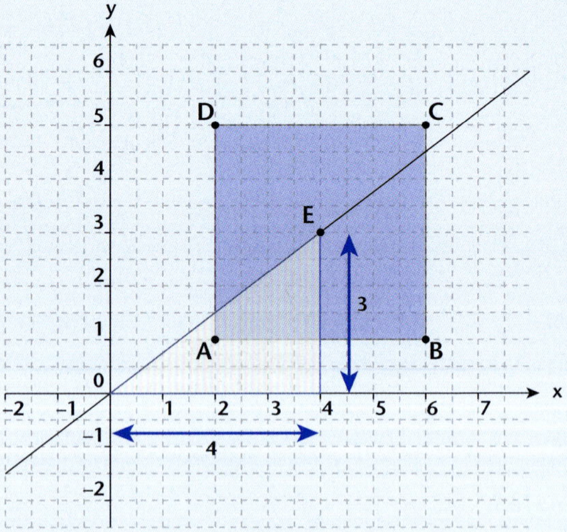

Lösung: Die Gleichung der Geraden lautet:
$y = 0{,}75x$

Erklärung/Rechenweg:
Die Gerade muss durch den Punkt E (Schnittpunkt der Diagonalen) des Quadrates und durch den Nullpunkt verlaufen.
Das Steigungsdreieck lässt sich einzeichnen und die Steigung $m = \frac{3}{4} = 0{,}75$ berechnen.

1 Mathematische Begriffe: **Quadratische Funktion**
Parabel

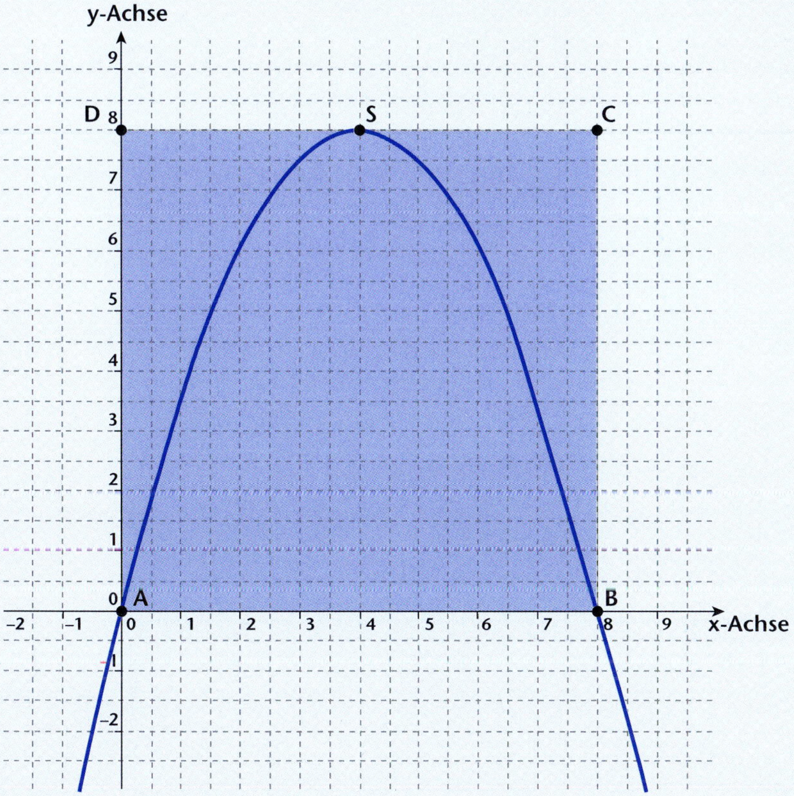

Lösung: Die Gleichung der Parabel in der Normalform lautet:
$y = f(x) = -0{,}5x^2 + 4x$
Die Gleichung der Parabel in der Scheitelform lautet:
$y = f(x) = -0{,}5 \cdot (x - 4)^2 + 8$

Erklärung/Rechenweg:
Man kennt den Scheitel der Parabel $S(4/8)$.
Die Scheitelform der Parabel lautet dann: $y = a \cdot (x - 4)^2 + 8$.
Da die Punkte $A(0/0)$ und $B(8/0)$ auf der Parabel liegen, erfüllen ihre Koordinaten die Parabelgleichung; wählen wir den Punkt B, dann kann man für x den Wert 8 und für y den Wert 0 in die Gleichung einsetzen:
$0 = a \cdot (8 - 4)^2 + 8 \quad \Leftrightarrow \quad 0 = 16a + 8 \quad \Leftrightarrow \quad a = -0{,}5$

Aus der Scheitelform $y = -0{,}5 \cdot (x - 4)^2 + 8$ ergibt sich durch Auflösen der Klammer die Normalform:
$y = -0{,}5x^2 + 4x$

1

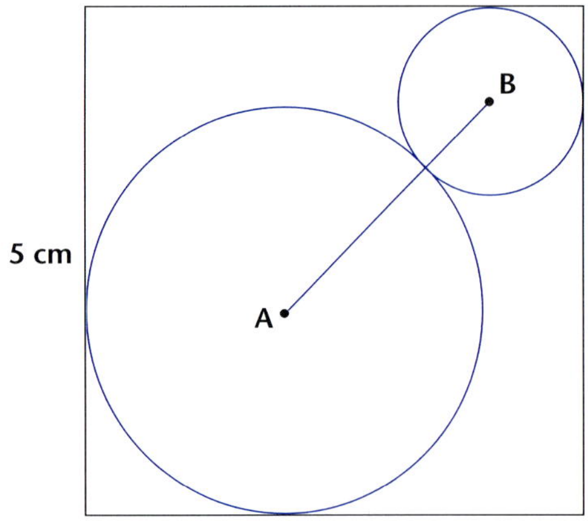

In dieses Quadrat mit der Seitenlänge von 5 cm wurden zwei unterschiedlich große Kreise eingezeichnet, die sich und die Quadratseiten berühren.

Wie weit sind die beiden Mittelpunkte **A** und **B** der Kreise voneinander entfernt, wenn einer der beiden Radien 2 cm lang ist?

1

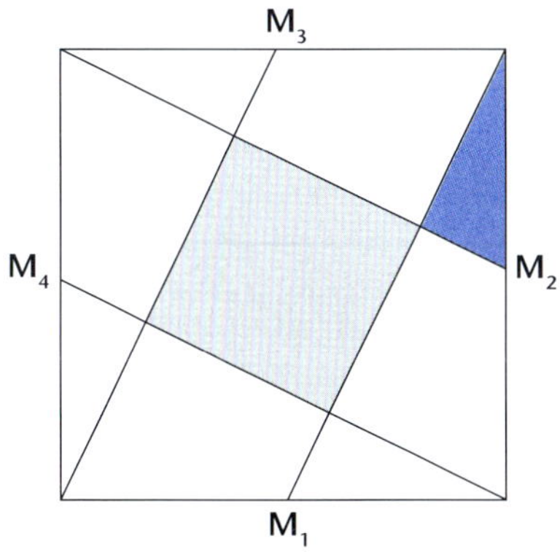

M_1, M_2, M_3 und M_4 sind die Mittelpunkte der Quadratseiten.
Das große Quadrat hat eine Fläche von 100 cm^2.
Das kleine graue Quadrat ist 20 cm^2 groß.
Bestimme die Flächengröße des blauen Dreiecks.

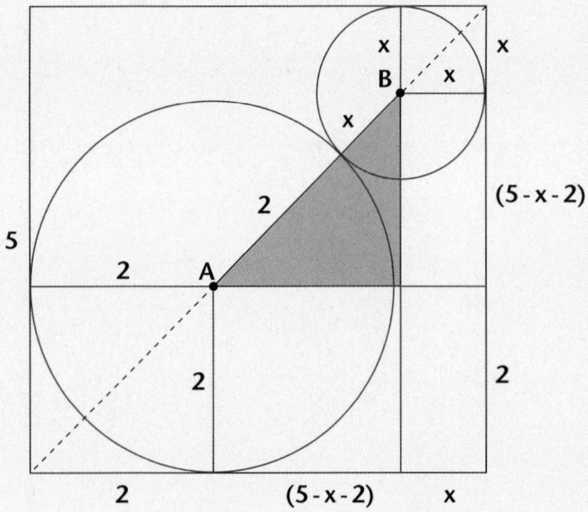

Lösung: *A und B sind ungefähr 2,93 cm voneinander entfernt.*

Erklärung/Rechenweg:

Der Satz des Pythagoras in Verbindung mit der geschickten Bezeichnung der Strecken führt mithilfe einer quadratischen Gleichung zur Lösung:
Die Strecke von A nach B ist die Hypotenuse in dem blauen rechtwinkligen Dreieck. Mit dem Satz von Pythagoras gilt:

$(5 - x - 2)^2 + (5 - x - 2)^2 = (2 + x)^2$

$\Leftrightarrow \quad (3 - x)^2 + (3 - x)^2 = (2 + x)^2$

$\Leftrightarrow \quad 9 - 6x + x^2 + 9 - 6x + x^2 = 4 + 4x + x^2$

$\Leftrightarrow \quad 18 - 12x + 2 \cdot x^2 = 4 + 4x + x^2$

$\Leftrightarrow \quad x^2 - 16x + 14 = 0$

$\Leftrightarrow \quad x_1 = 8 + \sqrt{8^2 - 14} = 8 + \sqrt{50} \approx 15{,}07$

$\quad\quad x_2 = 8 - \sqrt{8^2 - 14} = 8 - \sqrt{50} \approx 0{,}93$

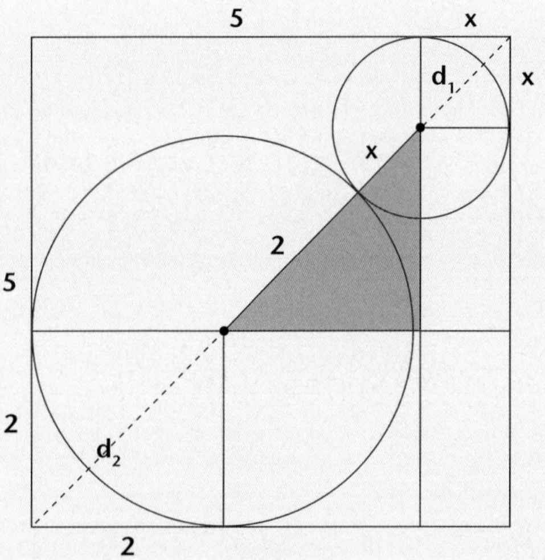

Als Lösung des Problems kommt wegen der Streckenlänge des Quadrates nur die zweite Lösung x_2 in Betracht.

Ein weiterer Lösungsweg kommt ohne die p-q-Formel aus.

1. Berechnung von d:
Für die Länge der Diagonalen d des Ausgangsquadrates gilt $d^2 = 5^2 + 5^2 = 50$

$\Leftrightarrow \quad d = \sqrt{50} \approx 7{,}07$

2. Berechnung von d_1:
Für die Länge der Diagonalen d_1 des kleinen Quadrates gilt $d_1^2 = x^2 + x^2$

$\Leftrightarrow \quad d_1^2 = 2 \cdot x^2 \quad \Leftrightarrow \quad d_1 = \sqrt{2x^2}$

$\Leftrightarrow \quad d_1 = x \cdot \sqrt{2}$

3. Berechnung von d_2:
Für die Länge der Diagonalen d_2 gilt

$d_2^2 = 2^2 + 2^2 = 8$

$\Leftrightarrow \quad d^2 = \sqrt{8} \approx 2{,}828.$

Jetzt gilt: $d = d_1 + x + 2 + d_2 \quad \Leftrightarrow \quad 7{,}07 \approx x \cdot \sqrt{2} + x + 2 + 2{,}828$

$\Leftrightarrow \quad 2{,}242 \approx x \cdot \sqrt{2} + x \quad |\ x$ ausklammern

$\Leftrightarrow \quad 2{,}242 \approx x \cdot (\sqrt{2} + 1) \quad \Leftrightarrow \quad x \approx \frac{2{,}242}{\sqrt{2} + 1} \approx 0{,}93$

1 Mathematische Begriffe: **Flächeninhalt; Satz des Pythagoras; Kathetensatz; Höhensatz**

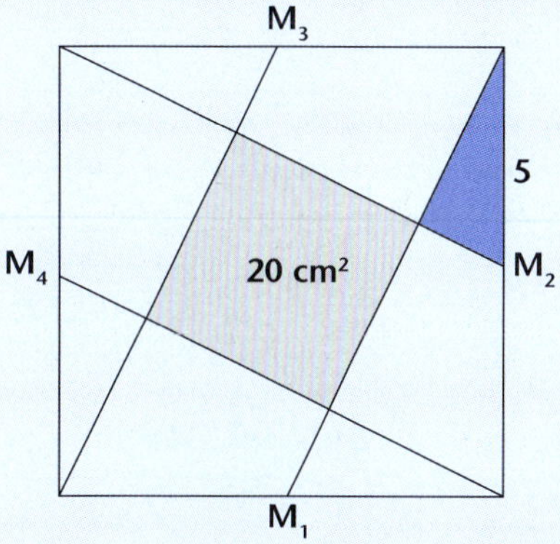

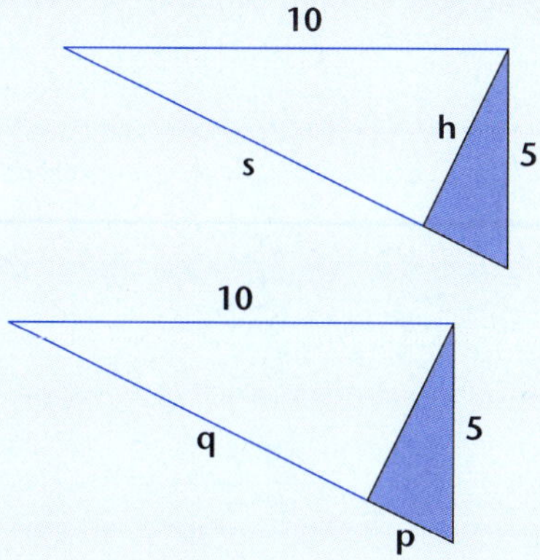

Lösung: Die Fläche des kleinen grauen Quadrates ist $A = 5\ cm^2$.

Erklärung/Rechenweg:

Die Strecke s lässt sich mit dem Satz des Pythagoras berechnen:

$s^2 = 10^2 + 5^2 = 125 \quad \Leftrightarrow \quad s = \sqrt{125} \approx 11{,}18$

Die Strecke p lässt sich mit dem Kathetensatz berechnen:

$$5^2 = s \cdot p \quad \Leftrightarrow \quad 5^2 \approx 11{,}18 \cdot p \quad \Leftrightarrow \quad p \approx \frac{25}{11{,}18} \approx 2{,}24$$

Die Strecke s (Hypotenuse) setzt sich aus den Strecken p und q (den Hypotenusenabschnitten) zusammen: $s = p + q$

$q = s - p \quad \Leftrightarrow \quad q \approx 11{,}18 - 2{,}24 \approx 8{,}94$

Die Strecke h lässt sich mit dem Höhensatz berechnen:

$h^2 = p \cdot q \quad \Leftrightarrow \quad h^2 \approx 2{,}24 \cdot 8{,}94 \approx 20{,}0256 \quad \Leftrightarrow \quad h \approx \sqrt{20{,}0256} \approx 4{,}47$

Der Flächeninhalt des kleinen blauen Dreiecks ist

$$A = \frac{p \cdot h}{2} \approx \frac{2{,}24 \cdot 4{,}47}{2} \approx 5{,}07$$

Es geht auch einfacher. Alle Dreiecke sind so groß wie das Ausgangsdreieck.
Das ganze Quadrat ist $100\ cm^2$ groß und besteht aus genau 20 solcher kleinen Dreiecke.
Hieraus folgt, dass ein solches Dreieck genau $5\ cm^2$ groß sein muss.
Bei der Rechnung kommt dieses Ergebnis darum nicht exakt heraus, weil während der Rechenschritte gerundet wurde.

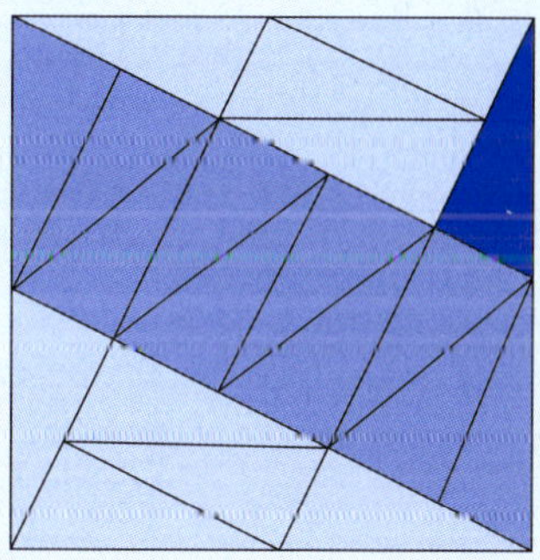

REGISTER